国网甘肃省电力公司

电网项目（工程）合规建档立档手册

国网甘肃省电力公司　组编

中国电力出版社
CHINA ELECTRIC POWER PRESS

内 容 提 要

档案是一切工作的真实记录和闭环终点，具有法律凭证作用。本书深刻剖析了电网工程项目领域工程档案长期存在的堵点、痛点、难点问题，针砭时弊、对症下药，系统思维、创新实践，提出了业主、设计、施工、监理、制造、监造、运行等各方合规建档、合法立档的路径方法，给出了各专业档案质量达标、工程创优的技巧办法，指出了依托矢量馆平台进行数字化转型、单轨制管理的创新方向，具有较强的理论创新和实践指导，是一部实用的工具书。

为了确保750kV河西电网加强工程（甘肃河西第二通道）项目在施工及竣工验收全过程中形成的工程归档保存的技术文件材料完整、准确、系统及其安全保管和有效利用，该项目全过程试行新模式归档方式，有效提高了档案管理精益化水平。

图书在版编目（CIP）数据

国网甘肃省电力公司电网项目（工程）合规建档立档手册 / 国网甘肃省电力公司组编. —北京：中国电力出版社，2021.12（2022.2 重印）
ISBN 978-7-5198-6280-0

Ⅰ. ①国…　Ⅱ. ①国…　Ⅲ. ①电网–电力工程–档案管理–手册　Ⅳ. ①TM7-62

中国版本图书馆 CIP 数据核字（2021）第 251430 号

出版发行：中国电力出版社
地　　址：北京市东城区北京站西街 19 号（邮政编码 100005）
网　　址：http://www.cepp.sgcc.com.cn
责任编辑：周秋慧（010-63412627）
责任校对：黄　蓓　常燕昆
装帧设计：赵丽媛
责任印制：石　雷

印　　刷：三河市万龙印装有限公司
版　　次：2021 年 12 月第一版
印　　次：2022 年 2 月北京第三次印刷
开　　本：710 毫米×1000 毫米　16 开本
印　　张：13.5
字　　数：246 千字
印　　数：12001—12500 册
定　　价：100.00 元

版 权 专 有　侵 权 必 究
本书如有印装质量问题，我社营销中心负责退换

编 委 会

主 编 陈彦江

参 编 徐 宁 梁岩涛 薛鹏程 张富平

张文瑞 黄林柯 李 晗 李永萍

裴 红 徐兴梅 李青华 王 欢

尹丽鹃 崔建英 武海滨 陈 丽

李 岩 张奇星 刘 斌 常庆明

王 蓓 徐永利 李恒春 刘斯敏

席 彦 张惠霞 李春芳 郑雪梅

袁晓霞 吴青华 赵雅超 张 静

张 苇 刘 萍 秦 昱 刘晓娟

前　言

为严格落实《国家电网有限公司合规行为准则（试行）》（国家电网法〔2021〕84号）、《国家电网数字化转型发展战略纲要》（国家电网互联〔2021〕258号）和国家电网有限公司基建管理最新通用制度、“深化基建队伍改革、强化施工安全管理”配套措施、档案最新通用制度规范等新规定、新要求、新方法，适应输变电工程建管模式新变化，建立与项目管理、安全管理、质量管理、技术管理、造价管理、评价管理、评奖创优相互“同步、并行、配套”的档案管理新机制，筑牢承建单位、参建单位工程档案主体意识、责任意识、质量意识、达标意识、资产意识，形成真实、规范、完整、准确、系统的工程档案资产，规范业主、监理、施工项目部档案管理秩序，维护国网甘肃省电力公司投资利益和发展利益，特编写本书，供各级建管单位、参建单位、项目部遵照执行。

投资、招标、合同是源头，前期、设计、施工、监理、监造是过程，投产、竣工是结果，源头＋过程＋结果＝完整档案，档案是一切工作的见证、佐证、凭证，覆盖工程建设各阶段、各专业、各节点。有投资必有档案，工程档案达标规模必须与投资规模相匹配、相适应。档案是评价工程建设全过程管理和质量的一把尺子、一面镜子，档案质量不达标，表明投资质量不达标、招标采购不达标、项目管理不达标、设计管理不达标、施工质量不达标、监理管控不达标、设备监造不达标、工程结算不达标、投产竣工不达标、闭环管理不达标。

各参建单位必须认真贯彻《中华人民共和国档案法》，全面树立党管档案意识、档案合规意识、档案法规意识，以法治档。坚持“谁主管、谁负责”“谁形成、谁整理、谁移交”“一源数据、全程共享”原则，杜绝“重投资、轻档案，重招标、轻档案，重设计、轻档案，重监理、轻档案，重施工、轻档案，重监造、轻档案”的“六重六轻”现象，树立全面的主体观、主责观、质量观，狠抓工程档案全过程管理，落实落细工程建设与档案管理同计划、同要求、同检查、同验收的“四同步”措施，落地闭环管理责任、主体责任、执行责任。

业主单位必须建立“工程档案关口前移管理前置”机制，以档案资料的形成、积累、整理和归档过程为导向，关口前移，紧抓开工、开建、启动等工作源头，前置培训、前置督导、前置检查，从源头上解决工程建设管理、设计、监理、施工、监造与档案资料“形成不同步、积累不同步、签字不同步、整理不同步、归档不同步”的“五不同步”问题，业主项目部根据里程碑计划实施档案资料“五不同步”考核。联动治理工程建设领域长期存在的“补记录、补盖章、补资料、代签字”的“三补一代、档案失真”顽疾问题，以档案质量达标促进工程建设规范化管理，强力支撑工程评奖创优和投产运行。

业主项目部经理、设计总代、监理项目部总监、施工项目部经理及其他参建单位项目负责人是工程档案管理第一责任人。

档案管理实行各级项目部层级负责制，业主项目部组织协调各参建单位形成、积累、收集、整理各自在工程建设全过程中的纸质版、电子版“双版”档案资料。

本手册是《国家电网有限公司业主、监理、施工项目部管理手册（2018 年版）》的配套书，适用于 35～750kV 输变电工程合规建档立档管理，其他项目可参照执行。

编　者

2021 年 8 月

目录

第一章　转变观念合规建档

第一节　堵点、痛点、难点及短板分析

一、施工单位及施工项目部

以下10个方面是施工单位档案资料的管理现状，堵点、痛点、难点及短板问题。不同步必然造成档案失真，补记录、补签字、补盖章必然造成档案造假。

1. 干活之人不负责记录

现场干活（作业层班组）的人，不形成记录；不干活（资料员）的人，代做补做记录。长期以来，施工现场由资料员代做记录，而资料员不是每日在现场，通常定期补做记录，因此不能形成同步记录。这是档案资料失真的源头，也是现场档案资料“形成难、认证难、存证难”的根源。

2. 档案资料“失真”

施工当天没有形成同步记录，只能以后补做。今日拖明日，明日复明日，本月拖下月，此季拖下季。时间一旦延长，一些数据、细节自然就遗忘了。这也是档案资料失真的源头，更是现场资料“形成难、认证难、存证难”的根源。

3. 档案资料形成不同步

工程档案资料与工程进度不同步、与重要节点验收不同步、与工程结算不同步。这种现象已经跨越很多年了，自然养成了老习惯。施工项目部很少把档案质量纳入工程质量实施一体化管理，这是由于分包商、施工项目部、分公司、主管部门、施工单位等各层级长期不重视现场档案资料工作，从而形成的思维定式、固有习惯。

4. 分包商上访、闹访、缠访

分包商因天气或其他特殊原因窝工、进度款结算不及时等问题进行上访、闹访、缠访，扰乱了总包单位正常工作秩序，抹黑了施工单位形象。这种现象恰恰是由于不重视档案资料管理，现场记录不全，档案凭证不全，没有经过相关各方签字确认造成的。

5. 手写字体难以辨认

施工日志记录不全，字迹潦草，记录之人手写体龙飞凤舞，很难辨认，认读性很差，扫描也无法进行OCR识别，虽然为原件，但失去了档案意义。

6. 施工档案质量不达标

工程档案资料不达标，项目部对分包商管理、考核不到位，分公司（主管部门）对项目部管理、考核不到位，施工单位档案归口部门对分公司和主管部门管理、考核不到位，鲜少有一家项目部的工程档案能够一次性通过验收。这是甘肃省的突出问题、共性问题、典型问题，必须从根源上打破现状，进行思想认识改变，提升变革意识，推进合规建档治理能力建设。

7. 施工方未主动索取商品混凝土供应商源头电子版

商品混凝土采购合同，项目部未增加档案约定条款，未索取电子版。项目部没有意识，分公司（主管部门）疏于指导、管理，采购商品混凝土时，没有人提出从源头上提供双层PDF电子版报告的要求，认识不到位。

8. 施工方未主动索取第三方检测机构源头电子版

第三方机构委托检测合同，项目部未增加档案约定条款，未索取检测报告源头电子版。项目部没有意识，分公司（主管部门）疏于指导、管理，委托第三方检测机构出具报告时，没有人提出从源头上提供双层PDF电子版报告的要求，这部分纸质检测报告数量巨大，归档时必须进行扫描，不仅花费人力物力财力，而且扫描质量还不达标，造成一系列的被动局面。

9. 施工方未主动索取乙供物资源头电子版

乙供物资合同，施工单位未增加档案约定条款，未索取源头电子版。乙供物资管理部门，从2018年至今，未落地执行《国网甘肃省电力公司物资部关于物资采购合同增加特别约定条款的通知》（物资〔2018〕20号）文件要求，招标规范书、采购合同中无“提供双层PDF/矢量DWF电子版检测报告、说明书、图纸、合格证”约定条款，未实现索要源头电子版资料的要求。

10. 扫描电子档案质量不达标

没有从源头上获取合规电子版，大量扫描纸质档案资料，花费了大量人力物力财力，扫描电子档案质量不达标。这也是全省的突出问题、共性问题、典型问题，必须从根源上打破现状，提高思想认识，提升变革意识，从源头上提升电子档案质量。

二、监理单位及监理项目部

1. 现场代替项目总监签字

项目总监、挂牌总监未常驻工程现场，由别人代替签字。受监理资质的限制，一些监理单位的项目总监、挂牌总监，一个人负责多个地域、多个项目、多个工地，无法履职管理每一个工地，平常依靠电话遥控指挥，只在重要会议和关口验收节点亲赴工地，许多必须由总监现场签字的报审表单，委托现场监理工程师代替签字，违反了《中华人民共和国档案法》和国家层面工程监理相关规定，属于典型的签字造假、档案失真、失职渎职行为。

2. 未一体化监理档案质量

毋庸置疑，档案质量是工程质量的有机组成部分，是部分与整体的关系。但长期以来，现场只重视监理工程质量而没有同步监理档案质量，检查工程质量时向来不检查档案质量，质量、档案“两张皮、两脱节、两不管”现象相当普遍，缺失缺位缺责，问题由来已久。

3. 监理档案电子版质量不达标

监理报告中插入的照片、图片，未经处理直接引用、插入，造成电子版质量不达标。智能手机的拍照功能强大，具有方便快捷、省时省力的特点，为辅助现场施工监理管理发挥了巨大作用。目前智能手机拍摄的照片，存储空间最小的在2MB以上，普遍都在4MB以上，10张照片占用的存储空间达到40MB，而监理报告、旁站记录等档案资料中使用了大量的此类照片和图片，存储容量动辄几十兆（MB），没有经过图片图像处理，造成电子版档案质量不达标。

4. 手写字体难以辨认

旁站记录、监理日志等的手写体记录字迹潦草，认读性差，扫描后无法实现OCR识别，无档案价值。

三、设计单位及设计项目部

1. 可研、初设报告质量不达标

目前，电网建设项目工程的勘察报告、可行性研究报告、初步设计报告等文档文件，插入了很多未经技术处理的照片、图片，导致一万字左右的报告存储空间经常达到几十兆（MB），不符合电子档案达标标准和矢量馆平台上传上链标准。

2. 纸质图纸利用困难

设计图纸大多以纸质为主，无法解决“查存用难”问题。多数设计院向甲方移交传统的纸质图纸，为保护其知识产权，一般不提供电子图纸。

甲方为保障生产一线之需，持续开展纸质图纸扫描工作，耗费了大量的人力、物力、财力。一张 0 号图纸，经工程扫描仪扫描后，大小达到几十兆（MB），电脑终端无法快速打开浏览，手机端更不可能打开，形成了大量的电子垃圾。

生产运维、检修、抢修一线缺图，图纸借用难、调用难、查阅难、保护难等问题，长期以来得不到有效解决。

四、设备厂家及驻场代表

1. 档案人员未参与设备开箱验收

设备运抵现场后，建管单位组织业主、监理、施工项目部和物资履约、厂家、运行等部门单位，进行设备开箱验收，按照规定程序和装箱单清点设备和备品备件，搜集齐全纸质版说明书、安装图、电气图等全部装箱资料。

设备开箱验收时，未通知业主单位档案人员参加。

业主单位将纸质版设备装箱资料移交电气安装施工单位，由施工项目部负责使用归档。

纸质版设备装箱资料，一是现场使用不方便，二是经多次利用翻看粘上污渍污垢，造成不同程度的污染破损。

2. 扫描设备资料质量达标困难

施工项目部完成设备安装后，由资料员收集设备装箱资料，进行扫描、组卷、归档。

纸质版设备档案扫描，一是数量多，扫描量大；二是装订完整、比较厚的说明书、随机资料，需要拆封后才能逐张扫描，对原件破坏大；三是文字类文档，经扫描后 A4 幅面平均单页存储空间必须小于 40KB，达标技术难度大；四是扫描后必须经过 OCR 文字识别，形成双层 PDF 文件，才能实现全文浏览，扫描后形成的单层 PDF 文件不能实现全文检索，价值不高。

3. 省市两级合同履约付款脱节

大型主变压器设备，国家电网公司负责统一招标，省物资公司负责签订设备合同，地市公司物资部负责履约。

施工单位、施工项目部要求厂家提供达标、合规的双层 PDF 电子版设备档案资料，由于无合同制约关系，设备厂家不愿意配合、不愿意提供。

五、监造单位及驻场代表

1. 纸质版监造报告质量不达标

主设备监造合同，由省物资公司统一签订、统一管理、统一履约。

目前，纸质版监造报告大多为复印件，有些复印件之原件还是复印件，重复复印、循环复印，非档案原件，无档案价值。

2. 扫描电子版质量不达标

省物资公司未从源头上从监造单位索取电子版档案。

省物资公司将纸质版监造档案移交建管单位，由建管单位负责扫描、归档。一是由于纸质版档案源头质量不合格，必然造成扫描质量不合格；二是扫描后OCR文字识别不彻底，单页大小平均值超过40KB，也造成扫描质量不合格。

第二节　改变现状，推动变革，档案脱贫

本章第一节反映的痛点、堵点及短板问题，是不同层级、不同专业、不同规模的参建单位和工程项目管理中普遍存在的共性问题，工程项目档案无法一次性通过达标验收，长期处于档案贫乏、档案贫穷、档案贫困的“三贫”状态。

一、改变现状，推动变革

建管单位、参建单位、项目管理部门要结合实际，进一步细化分解《国家电网有限公司合规行为准则（试行）》（国家电网法〔2021〕84号）的内涵与要求，主动在各自业务流程实施中融入合规管理要求，建立专业领域合规手册，明确各业务流程环节的岗位职责、风险要点、操作规范及合规要求，增强制度的可操作性，狠抓制度、流程、职责、从业禁止性规定的执行，强化各个岗位的自我约束、自我监督和主动纠偏能力，真正实现“流程管事、制度管人”。

各部门、各单位要逐条梳理各业务条线、各岗位存在的合规风险隐患，并根据本业务领域特点和内控管理状况，识别和评估与业务活动相关的合规风险，建立合规风险库，摸清底数，透析成因，提出针对性风险防控措施，夯实合规风险防范基础。

建管单位、参建单位必须按照《国家电网数字化转型发展战略纲要》（国家电网互联〔2021〕258号）要求，推进工程建设领域数字化转型。

档案是工程项目的基地性、源头性、日常性工作，是项目管理能力、设计能力、施工能力、监理能力、制造能力、监造能力、运维能力、数字化能力的见证、佐证、凭证，各类专业档案之电子、纸质“双版”质量不合格，说明对档案工作重视不够，证明专业管理水平不达标。

业主、设计、施工、监理、制造、监造、运行等单位，从各层级领导到一线项目经理，从职能部门、分公司到各项目部，从高层管理人员到作业层班组骨干

人员，必须高度正视重视档案贫乏、档案贫穷、档案贫困档案的“三贫”问题，采取积极有效措施，改变现状，推动变革，实施档案脱贫达标工程。

土建、变电、线路等施工企业，档案“三贫”项目多、问题多、欠账多。施工企业要开展深入细致研究，从提高施工管理水平、融合分包商施工能力上，多下功夫、多实践、多探索，破旧立新，创新革新。

二、档案脱贫，精准脱贫

必须解放思想、转变观念、推动变革、改变现状。将《国家电网有限公司合规行为准则（试行）》（国家电网法〔2021〕84号）和《国家电网有限公司数字化转型发展战略纲要》嵌入工程建设的所有领域、各个业务环节，明晰业主、设计、施工、监理、制造、监造、运行等业务面临的合规风险以及各类岗位对风险控制的具体职责，最大限度地降低因不合规行为产生的合规风险。

各部门要坚持“管业务必须管合规、管业务必须管档案、管业务必须管数字化转型”的原则，落实合规风险管理第一道防线职责，加强重点业务领域合规审查，确保各业务领域、各业务条线的合规管理要求落到实处。

树立“合规立身”价值导向，切实做到源头合规、记录合规、审核合规、签字合规、盖章合规，以基础单元、业务表单合规推动工程项目过程档案合规、质量达标。

引导全员牢固树立“合规是岗位工作的第一要义”的理念，切实做到各岗位人员清楚《国家电网合规行为准则》对本业务领域、本岗位的具体合规要求，提高全员政策制度执行力及合规风险管控能力，实现合规思想认识、制度要求与执行效果的相互统一。

必须重视建档、基础建档、合规建档、质量达标。开展《国家电网有限公司合规行为准则（试行）》（国家电网法〔2021〕84号）和《国家电网有限公司数字化转型发展战略纲要》进项目部、进一线、进现场活动，面向参建单位全员广泛宣传其主要内容和要求，在各类项目领域切实形成“人人讲合规，处处显合规，事事重合规”的良好氛围。

促进员工全面理解把握《国家电网有限公司合规行为准则（试行）》（国家电网法〔2021〕84号）要求，引导各级员工信守承诺、合规履责，提升合规建设自觉性。

促进全员思维、观念、作风、行为、习惯等的新转变、新提升，推动各级员工知责于心、担责于身、履责于行。在各类专业领域，把业务、职能的最小颗粒单元作为合规基础单位，提升合规管理水平。

坚持“谁干活、谁担责、谁记录”原则。施工单位、分公司、项目部，要积极引导各类分包商、施工作业层班组骨干人员，培养自身做记录的良好习惯，干一天活必须形成当日记录，严禁今日托明日、明日复明日，做到施工质量与工程业务表单同时同查同责，牵住每日施工业务表单这个“牛鼻子”，从源头上推动变革，持续开展档案脱贫攻坚摘帽。

坚持“同时同步”原则。建管单位、业主项目部负责，把项目档案工作与开工交底、进度、安全、质量、检查、结算、验收重点工作与关键管控节点“同时同步”并重管理、并重评价、并重考核，管理前置，关口前移，彻底改变档案工作与项目进度、质量、结算“两脱节、两张皮”现状，深入推进教育整顿，着力整治顽瘴痼疾，在过程中推动变革，持续开展档案精准脱贫。

第三节　转变观念，党管档案，合规建档

一、提高认识，转变观念

从建管单位项目主管部门做起，严格要求业主、设计、施工、监理、制造、监造等参建单位，提高档案意识，转变“不重视档案”观念。紧紧围绕工程建设全过程，档案工作管理前置、关口前移，转变“后置管理档案”观念。紧盯施工项目部、施工作业层班组骨干人员，严格执行“今日事、今日毕，日办日结、事不过日”原则，转变“记录后置后补，施工当日不形成表单”观念。建立专业领域合规手册，明确记录、签字环节的岗位职责、风险要点、操作规范及合规要求，杜绝转变“代记录代签字”观念。强化主管部门、各项目部岗位的自我约束、自我监督和主动纠偏能力，真正实现“流程管事、制度管人”，转变“流程走形式”观念。

二、党管档案，提高站位

“党管档案”已经写入新修订的《中华人民共和国档案法》，凸显了档案工作的政治定位。严格“档案姓党、档案为党”政治要求，提高档案工作政治站位，将档案工作放在党和国家事业、公司改革发展大局中审视谋划。各级党委要把学习《中华人民共和国档案法》《习近平关于档案工作、历史学习与研究、文化遗产保护重要论述摘编》《习近平总书记关于档案工作重要指示批示精神》作为一项重要任务抓紧抓好，延伸到一线。各级纪委要把“党管档案”纳入年度巡视巡察计划，将“重投资、轻档案，重招标、轻档案，重合同、轻档案，重建设、轻档案，

重生产、轻档案，重营销、轻档案”的“六重六轻”问题作为执纪问责条款，追究各级实施主体“轻档缺档无档”失职违纪责任。

三、源头管控，闭环评价

档案是企业发展的传承者、见证者和记录者，是企业重要的历史资产、文化资产和数据资产，档案是一切工作的见证、佐证、凭证，档案质量代表着一个企业的基础水平、管理水平、发展水平。各级单位、产业单位均要建立投资、招标、合同“三源头三管控”机制，在投资计划、招标规范书、合同附加条款上增加制约条件，明确将“双层 PDF、矢量 DWF”一源电子版档案刚性达标要求和纸质版档案数量质量要求列入“三源头三管控”专项条款，并同步纳入各级纪委巡视巡察执纪问责条款。延伸投资、建设、结算至档案链条，打通结算到档案的“最后一公里”，真正实现投资质效闭环计划、闭环管控、闭环评价。

四、合规建档，合法立档

建档是基、立档是责，建档立档、人人有责。贯彻国家电网“人人都是档案员”原则，严格落实“谁设计、谁施工、谁监理、谁制造、谁监造、谁运维，谁担责、谁建档”和“谁建管、谁担责、谁立档”要求。施工现场一线，无论专业分包还是劳务分包，必须落实落细落地“谁干活、谁记录、谁建档”主体责任，严禁“代记录、代签字、代建档”造假行为。建管（业主）单位的计划、建设、合同、物资、财务、档案等部门，均是项目档案立档主体，必须承担主体主责，部门协同，下移一线，加大全过程考核力度，严肃整治建档立档与项目进度、安全、质量、结算“五不同步”违规违纪行为，切实维护公司投资权益和发展利益。

五、矢量平台，全面应用

工程档案矢量馆区块链平台（简称矢量馆平台）一、二期项目已全面建成投运，项目设计单位已经运行一年。2021 年所有春季开工复工项目，业主、设计、施工、监理、制造、监造等参建单位，严格执行《国网甘肃省电力公司物资部关于物资采购合同增加特别约定条款的通知》（物资〔2018〕20 号）、《国网甘肃省电力公司关于强化电网建设项目档案工作的意见》（办〔2020〕10 号）文件，全面推广应用矢量馆平台，实现投资项目全覆盖、参建单位全覆盖、建档立档全覆盖。施工单位、项目部、班组，施工当日必须由当事人在矢量馆平台填写当日业务表单，发起业务流程进行工作量、安全质量、技术造价等线上审核签字。要求监理、设计、制造、监造单位同步执行该规定，事不过日、日办日结，同步建档、

合规立档，业主项目部监督考核。

六、健全机制，深度整改

在领导机制上，档案分管领导每季度召开一次档案工作专门会议，办公室分管副主任每月项目现场办公一次。在管控机制上，以投资（综合）计划、成本计划为项目起点，档案为项目终点，首尾相接闭环管控中间各类实施过程。在绩效机制上，依托矢量馆平台，依据每日建档立档中发现的针对性问题，发展（经营）部、财务部考核项目管理责任部门，项目管理部门考核相关参建单位，逐级传导要求，压实主体责任，提高项目管理水平和投资权益。在落实责任上，地市公司约谈未完成三年管理提升第二阶段目标任务的县公司，省公司约谈相关地市公司，切实提高各级单位档案治理能力。

第四节　创新求变，拒绝“纸上谈图”

从 2017 年下半年开始，国网甘肃省电力公司打破惯例，面向一线，深度调研，立足实际，先行先试，开展工程图纸矢量化研究、DWF 输出应用及创新实践。突出三个导向，实现三项突破。

一、痛点、堵点、难点

（一）纸质图纸

设计单位只向甲方移交归档传统纸质蓝图，纸质图纸数量多，利用不方便。折叠展开使用时占用面积大、易染渍、易破损、易褪色，不能支撑现场长期使用。

生产运维检修和工程施工建设一线需要大量图纸做支撑，应急抢修、救灾防灾一线需要专车拉运纸质图纸档案，翻找、查找、寻找纸质图纸，费时费力费工，效率低下。

纸质图纸借用难、查阅难、保护难的“三难”问题，直接制约着现场一线生产力，是长期存在的现状与瓶颈问题，至今没有得到有效解决。

（二）扫描图纸

各级单位为保障生产一线之需，持续开展纸质图纸扫描工作，耗费了大量的人力、物力、财力。一张 0 号图纸，经工程扫描仪扫描后，大小达到几十兆，电脑终端无法快速打开浏览，手机端更不可能打开，形成了大量的电子垃圾。

扫描图充其量就是一张栅格化的位图图片，清晰度差，体积大，放大缩小极易失真（俗称马赛克），生产、建设等工程技术人员不爱用、不想用、不愿用。

据统计，国网甘肃省电力公司 25 个二级单位、79 个县公司保存的各类工程图纸计 1000 万张，扫描 500 万张，存储容量 100TB，累计扫描投入 4800 万元，扫描图投入产出比、利用率很低。

从国家电网公司层面看，数字档案平台一级部署后，国家电网公司系统的扫描图存储容量高达 300TB，各单位均投入巨资，但投入产出比较低，扫描图的利用率也很低。按照现有体制机制，扫描费用将永远投资下去，而大量的扫描图质量达不到生产建设要求，不能真正实现完全意义上的数字化。

（三）档案失真

长期以来，施工现场干活的人不形成记录，不干活的人补做代做记录。资料员不是每日在现场，通常定期补做记录，因此不能形成同步记录。这是档案资料失真的源头，也是现场档案资料“形成难、认证难、存证难”的根源。

受监理资质证件的影响，一些监理单位的项目总监、挂牌总监，一个人负责多个地域多个项目多个工地，无法同时到每一个工地现场履职，许多必须由总监现场签字的报审表单，委托现场监理工程师代替签字，属于典型的签字造假，造成档案失真。

工程建设领域长期存在工程档案资料与项目进度、安全、质量“形成不同步、积累不同步、签字不同步、整理不同步、归档不同步”的“五不同步”和“补记录、补盖章、补资料、代签字”的“三补一代、档案失真”通病问题。

二、创新变革突破

（一）研发矢量资源平台

针对基层一线长期存在的痛点堵点难点问题，国网甘肃省电力公司办公室深入思考、广泛调研、深化研究，本着源头只形成一次记录数据和为基层减负的原则，完成矢量馆平台框架方案规划设计。从 2018 年开始，纳入企业信息化数字化五年规划，分期分步研发矢量馆平台。

矢量馆平台集“矢量资源平台、合规建档平台、档案存证平台、档案数据中台、智能整编平台、项目协同平台、一线支撑平台”功能于一体，抓住业主、设计、施工、监理、制造、监理、运行等各大专业源头，同步开展项目合规建工作。

研发并集成国家商用密码、数字签名、去中心化、摆渡数据库、共幅共页、穿透编码、AI 整编、主动推送等新模型、新算法、新技术，提高矢量化、智能化水平，创新实现项目档案“CA 中心、区块链”“双认证、双存证”，所有电子版档案具有法律效应。

（二）创新三源头三管控

（1）以投资计划为导向，实现投资计划源头管控创新突破。2018 年至今连续四年，国网甘肃省电力公司办公室协调发展部从工程项目投资计划入手，明确将“双层 PDF、DWF 矢量图移交归档要求”纳入投资计划，强化投资计划档案管理刚性要求，全面维护公司投资利益。

（2）以招标规范书为导向，实现招标源头管控创新突破。2019 年至今连续三年，国网甘肃省电力公司办公室协调省招标中心从项目招标规范书入手，明确将“双层 PDF、DWF 矢量图移交归档要求”纳入招标规范书，强化档案管理刚性要求，全面维护公司发展利益。

（3）以合同协议为导向，实现合同源头管控创新突破。2019 年至今连续三年，国网甘肃省电力公司办公室、物资部下发专门文件，强化设计、施工、监理、设备等合同之附加专项条款“移交双层 PDF 工程资料、DWF 竣工图、矢量化设备图，提供矢量图内容一致性承诺书”源头管控和归档刚性，全面维护公司合法权益。

（三）创新矢量集约方式

国网甘肃省电力公司多方位、多层次协同开展工程图纸矢量化研究，优选占用空间小、满足无极放大缩小不失真和基层一线使用的 DWF 格式文件，实现矢量化存储、矢量化看图、矢量化共享。

DWF（Design Web Format）是 Autodesk 专门为共享工程设计数据而设计的一种安全的开放式文件格式，优势突出：① DWF 文件可高度压缩，其大小比原设计图形文件 DWG 缩小 8 倍；② 由于 DWF 文件小，大大缩短了传输时间，传递更加快捷，网络传输效率更高；③ DWF 文件不可编辑，更安全，不涉及知识产权，可打消设计单位顾虑，避免与设计单位的扯皮纠纷；④ DWF 文件来源渠道正宗畅通，CAD 设计图只需要“输出为 DWF 格式”，即可产生高精度、高标准、高品质的矢量图，无需再进行纸质扫描加工；⑤ DWF 文件与分辨率无关，适应性强；⑥ DWF 文件放大缩小不失真，满足现场一线需要；⑦ DWF 文件可加装二维码，产生电子身份证；⑧ 研发了 PC 端、移动端程序，在国内首次实现手机查看浏览 DWF 矢量图。

依托矢量馆平台，创新勘察设计单位工程图纸矢量化输出线上移交方式、图纸二维码电子身份认证方式、归档方式，创新建管单位矢量图资源线上收集方式、汇集方式、审核方式，创新建立省公司级矢量资源池库。

（四）合规建档变革突破

线上填写审核业务表单。业主、设计、施工、监理、制造、监造、运行等参建单位，均在矢量馆平台线上填写业务表单，手机移动端审核、签字、盖章，事不过日、日办日结，实现 CA、区块链“双存证”变革突破，推进合规建档、合法立档。

签订合规建档目标责任书。地市公司、刘家峡电厂、检修公司、送变电公司、直属单位、县公司和产业设计、施工、监理等单位，办公室（档案归口部门）、发展部（投资经营计划部门）、财务部（工程结算、成本计划部门）、纪委办（党管档案执纪部门）、审计部（资金合规使用和成果成效监督部门）五个部门代表考核方（甲方），与生产技改大修、配电网农网、市场营销、业扩、小型基建、生产辅助技改大修、信息化数字化等项目管理部门和施工、监理单位等责任方（乙方）签订《年度合规建档目标责任书》，实现管理创新、制度创新，推进合规建档、合法立档。

三、提质增效

以国家电网公司层面年均电网投资 5000 亿元测算，省公司年均可集约 40 万张矢量图，交流、直流、新源等大型直属单位年均可集约 30 万张矢量图。每张矢量图按基础价 100 元计算，国家电网公司系统年平均产生直接效益 12 亿元，近三年累计直接效益 36 亿元。

四、革命性影响

工程图纸全面实现矢量化，看似是矢量文件类型、存储显示归档格式一个工作点上的变化，实则是设计单位、生产建设一线图纸利用整体面上的重大变革，是以点带面的一场管理创新和重大技术变革，是工程档案数字化创新求变、激活价值链的前瞻实践，是提升技术标准、优化数据结构和充满挑战的系统性工程，具有革命性、划时代意义。

抢占矢量化技术高地，以生产运维和工程建设一线人员手机“现场看图”为目标，引领矢量化潮流，实现高端价值，保持全国领先，矢量价值无限，在国家电网公司系统具有推广应用价值，前景十分广阔。

第二章　建档立档主体主责

为贯彻新《中华人民共和国档案法》，严格执行《国家电网有限公司电网建设项目档案管理办法》《国家电网有限公司电网建设项目档案验收办法》（国家电网办〔2018〕1166号）和《国家电网公司关于印发基建质量日常管控体系精简优化实施方案的通知》（国家电网基建〔2018〕294号）、《国家电网有限公司关于进一步加强输变电工程质量管控重点举措的通知》（国家电网基建〔2018〕1104 号）要求，省公司研究制订项目档案工作管理措施，省公司本部各部门、公司各单位、各产业单位（设计、施工、监理、制造等）和项目参建单位落地执行。

第一节　落实落细管理责任

电网建设项目档案（简称项目档案）是指电网建设项目在立项、招标、勘测、设计、设备材料采购、施工、监理、制造、监造、调试、竣工验收及试运行全过程中形成的经过鉴定、整理并归档的文字、图表、音像、实物等形式的项目文件。电子、纸质双版档案内在质量的达标，纳入工程进度、安全、质量管理体系同步同质管理。

一、分级管理原则

项目档案管理坚持“统一领导、分级管理，统一标准、分工负责，统一验收、分段移交”的原则，按照省公司、建设管理单位、参建单位三级档案管理体系，建立相应的各级项目档案管理机构和从立项至竣工层级明确、管控到位、责任到人的档案资料管理激励考核机制，全领域、全过程、全要素做好项目档案的形成、积累、整理和归档工作，确保项目档案的完整、准确、系统和有效利用，满足项目建设各项工作以及竣工后生产运行、经营管理、设备维护、改（扩）建工作需要。

自 2020 年开始，国网甘肃省电力公司 330kV 及以上输变电建设工程开展省公司层面档案专项验收；35～110kV 输变电建设工程和 10kV 及以下农村配电网、脱贫攻坚、生产技改大修工程开展地市公司层面档案专项验收，省公司组织抽查。

责任部门：办公室。

配合部门：发展部、建设部、物资部、财务部、审计部、设备部、调度中心、互联网部、安监部、科技部、经法部、人资部、巡察办。

二、双源头双管控

落实公司投资计划、合同条款“双源头双管控”要求，建管单位、招标机构、采购单位应严格执行国家电网公司档案管理办法、标准规范，坚持“有投资必有档案，新增固定资产与新增档案资产相匹配”原则，落实“谁主管、谁负责”“谁形成、谁整理、谁移交”“源头数据、全程共享”要求，强化前期、可研、设计、施工、监理、制造、监造等合同特别约定条款“移交双层 PDF 文本档案资料、DWF 竣工图和关键设计数据、矢量化设备图，提供矢量图内容一致性承诺书”源头管控和归档刚性，全过程维护公司投资利益和合法权益。

责任部门：发展部、物资部、建设部。

配合部门：办公室、财务部、审计部、设备部、调度中心、科技部、经法部、安监部、人资部、巡察办。

三、四同步四同时

项目档案应反映工程建设过程及质量管理真实情况，实行业主项目经理第一责任人制度，将项目档案管理纳入初步设计概算、招投标、合同管理、工程监理、项目管理程序和工程质量管理体系，与项目建设同步管理。贯彻档案管理“四同步四同时”原则，启动工程时，同步同时部署档案管理和交底培训工作，按照项目规模明确档案室及配置人数，建立层级清晰、责任到人的档案资料管控体系；编制初步设计概算和签订工程合同时，同步同时落实整编、装具、印制、数字化、存储介质等项目档案专项经费和双版档案达标要求，明确项目法人管理费中列支业主档案专项经费要求；检查工程进度、安全和质量时，同步同时检查双版档案形成、积累、手签、收集、鉴定、整理情况，按照质量达标要求落地兑现激励考核；开展工程验收时，同步同时验收双版档案的及时率、齐全率、完整率，全面评价档案进馆质量。

责任部门：建设部。

配合部门：办公室、物资部、安监部、财务部、审计部、巡察办。

四、堵漏洞、防失真

分级构建“档案工作关口前移管理前置”机制。以档案资料的形成、积累、整理和归档过程为导向，关口前移，紧抓立项、开工、启动等源头，落实政府批文证件收集办理责任制，落细档案资料人员上岗资格培训证要求和出入台账专人负责制，落地遗失损毁责任追究及补救措施，前置培训、前置督导、前置检查，从源头上解决工程建设进度、安全、质量管理与档案资料“形成不同步、积累不同步、签字不同步、整理不同步、归档不同步”的“五不同步”问题。业主项目部应根据里程碑计划开展档案资料“五不同步”考核，深度治理工程建设领域长期存在的“补记录、补盖章、补资料、代签字”的“三补一代、档案失真”通病问题，以档案质量达标促进工程项目建设规范化管理。

责任部门：建设部、物资部。

配合部门：办公室、财务部、审计部、安监部、设备部、调度中心、巡察办。

五、过程管理闭环

投资、招标、合同是源头，前期、设计、施工、监理是过程，竣工、投产是结果，源头+过程+结果=完整档案，档案是一切工作的见证、佐证、凭证。档案质量不达标，反映出投资质量、招标采购、项目建设、工程质量、结算决算、闭环管控缺失缺位。大力普及《中华人民共和国档案法》，提高全员档案意识，治理“重投资、轻档案，重招标、轻档案，重合同、轻档案，重建设、轻档案，重验收、轻档案”的“五重五轻”问题，落地闭环管理责任、专业责任、执行责任，转段转序时出现双版档案质量不合格，档案人员不予签字，工程结算不予付款。

责任部门：发展部、物资部、建设部、财务部。

配合部门：办公室、安监部、设备部、调度中心、审计部、巡察办。

六、档案进馆规定

纸质档案实行原件一式两套制移交归档模式，仅一套档案原件（土地证、建设用地规划许可、规划许可、消防验收证书等）例外。建管单位应根据工程建设阶段关键管控节点，狠抓档案资料的日形成、周积累、月检查关口，项目竣工投产三个月内，向各级档案馆（室）移交齐全、完整、系统的正本档案，纸质档案必须书写工整、签字真实、盖章有效、严禁造假。省公司工程档案馆统一保管全省 330kV 及以上输变电工程整套正本、孤本等纸质版档案。市县公司属地档案馆（室）保管 35～110kV 输变电建设工程和 10kV 及以下农村配电网、脱贫攻坚、生产技改大修工程整套正本、孤本等纸质版档案。

责任部门：建设部、物资部。

配合部门：办公室、发展部、财务部、审计部、设备部、调度中心、安监部、科技部、经法部、人资部、巡察办。

七、矢量资源管理

为从源头上提高电子档案质量，集约稀缺资源，公司新建、改建、扩建工程项目全部建立电子档案动态上传、即时归档新机制。每个阶段关键节点工作一经验收结束，同步整理上传、动态移交矢量馆平台。各建管单位应按照项目里程碑计划，全过程组织业主、设计、施工、监理、监造等项目负责人动态上链挂接，分级月度审核，投产当日全面完成上链挂接、集约进馆任务，电子档案必须实现数据化、矢量化质量标准。矢量馆平台统一管理全省电网建设项目双层 PDF 文本、工程 DWF 矢量图和关键设计数据、设备矢量图等电子版档案，实现集约上链，全省共享利用。

责任部门：办公室、物资部、建设部。

配合部门：互联网部、发展部、财务部、审计部、设备部、调度中心、安监部、科技部、经法部、人资部、巡察办。

第二节　档案源头主体责任

一、业主档案

责任单位：建管单位发展部、建设部、项目管理中心、物资部、财务部，省物资公司合同部、质量监督部、财务部，第三方招标代理机构。

第一责任人：业主项目经理。

归档范围：项目可行性研究、专项评估、政策支持文件，投资计划、核准文件，建设场地清理赔偿、初步设计、物资及非物资招标及合同、图纸会审、开工准备、管理策划、工程建设过程管理资料，质量监督、设备监造、验收检查、竣工启动、结算决算、专项验收、达标创优、照片、视频、音像等文件资料，新材料、新技术、新工艺、新设备模型及实物档案。

业主档案双版达标标准：纸质档案必须是正本、原件，核准、投资、许可证齐全，合同协议手签、盖章手续完整，过程资料系统，质量达到国家标准和国家电网有限公司新版档案整理规范的要求。电子档案与纸质档案内容相同、规格统

一、版式一致、文字数据一一对应，文本类电子档案必须达到双层 PDF 格式标准，可研报告之附图必须达到矢量化标准，业主项目部负责按工程阶段和关键节点前置、动态上传矢量馆平台，竣工验收时由各参建方制作成档案级光盘或移动硬盘与纸质档案一并移交相应档案馆（室）。业主项目部负责建立《工程档案管理卷》。

二、设计档案

责任单位：建管单位发展部、建设部，中标设计单位。

第一责任人：设计总代。

归档范围：地质勘察、可行性研究、初步设计、施工图设计、竣工图等设计全过程阶段形成的全套设计档案资料、关键设计数据。

设计档案双版移交标准：纸质档案必须是正本、原件，设计文件齐全、设计数据完整、图纸资料成套、案卷质量达标，纸质施工图不归档，竣工图纸折叠符合国标。电子档案与纸质档案内容格式匹配，文本类必须达到双层 PDF 格式标准，施工图、竣工图达到 DWF 矢量图标准，由设计单位负责按工程阶段和关键节点动态上传矢量馆平台，竣工验收时由设计单位负责制作成档案级光盘或移动硬盘与纸质档案一并移交相应档案馆（室）。

闭环要求：未按照设计阶段动态上传施工、竣工 DWF 矢量图和双层 PDF 电子档案，电子纸质双版档案质量不达标，合同签订单位延缓结算付款，直至达标。

三、施工档案

责任单位：建管单位建设部、项目管理中心，中标施工单位。

第一责任人：施工项目经理。

归档范围：项目承包范围内施工管理与质量验收、施工技术、施工测量、施工物资、施工试验、施工记录等全过程档案资料。

施工档案双版移交标准：纸质档案必须是正本、原件，记录日志齐全、签字盖章完整、过程资料成套，质量达标。电子档案与纸质档案内容格式匹配，文本类必须达到双层 PDF 格式标准，数码照片、音频、视频质量达标，由施工项目部负责按工程阶段和关键节点动态上传矢量馆平台，竣工验收时由施工项目部负责制作成档案级光盘或移动硬盘与纸质档案一并移交相应档案馆（室）。

闭环要求：未按照施工阶段动态上传施工双层 PDF 电子档案，电子纸质双版档案质量不达标，合同签订单位延缓结算付款，直至达标。

四、监理档案

责任单位：建管单位建设部、项目管理中心，中标监理单位。

第一责任人：监理项目总监。

归档范围：监理规划、监理细则、开停复工令、各类旁站记录、平行检验、质量验评、中间验收、竣工预验收等质量控制文件、进度及造价控制文件等全过程档案资料。

监理档案双版移交标准：纸质档案必须是正本、原件，记录日志齐全、手签盖章完整、过程资料成套，质量达标。电子档案与纸质档案内容格式匹配，文本类必须达到双层PDF格式标准，数码照片、音频、视频质量达标，由监理项目部负责按工程阶段和关键节点动态上传矢量馆平台，竣工验收时由监理项目部负责制作成档案级光盘或移动硬盘与纸质档案一并移交相应档案馆（室）。

闭环要求：未按照监理阶段动态上传监理双层PDF电子档案，电子纸质双版档案质量不达标，合同签订单位延缓结算付款，直至达标。

五、设备档案

责任单位：建管单位建设部、项目管理中心，省物资公司合同部、中标厂家、第三方监造机构、施工单位。

第一责任人：合同履约单位、合同签订单位、中标厂家代表、施工项目经理。

归档范围：装箱单、合格证、使用说明书及附图、出厂试验报告等其他产品设备档案资料。

设备档案双版移交标准：纸质档案必须是正本、原件，设备装箱资料齐全、三方验收签字完整、纸质版电子版配套，由中标厂家、施工项目部按照国家电网有限公司新版档案整理规范整理，质量达标。电子档案与纸质档案内容格式匹配，文本类必须达到双层PDF格式标准，电气图、制造图、安装图等设备图必须达到DWF矢量图标准，由中标厂家负责在工程设备安装阶段之前上传矢量馆平台，施工项目部负责检查，竣工验收时由中标厂家、施工项目部负责制作成档案级光盘或移动硬盘与纸质档案一并移交相应档案馆（室）。

闭环要求：设备装箱启运时，未上传设备矢量图和双层PDF电子档案，电子纸质双版档案质量不达标，合同履约、签订单位延缓结算付款，直至达标。

六、监造档案

责任单位：物资公司、中标监造单位。

第一责任人：物资公司、监造单位驻厂代表（总监）。

归档范围及要求：监造合同及其招投标资料、监造规划、监造实施细则、开复工报审及暂停令、设备原材料及组部件、生产工艺过程、出厂试验和包装发运等过程中形成的见证记录、变更及索赔、日志周报和往来文书、出厂证明文件、监造工作总结，必须齐全完整、数据可靠。

监造档案双版移交标准：纸质档案必须是正本、原件，报告记录齐全、手签真实完整、过程资料成套，质量达标，严禁“补签字、补记录、补日志”等造假行为，监造总结必须由原件封装成册，复印件无效。电子档案与纸质档案内容相同、规格统一、版式一致、文字数据一一对应，文本类必须达到双层PDF格式标准，由监造单位驻厂代表负责动态上传矢量馆平台并制作成档案级光盘或移动硬盘与纸质档案一并移交相应档案馆（室）。

闭环要求：未按照监造阶段动态上传双层PDF电子档案，电子纸质双版档案质量不达标，合同签订单位延缓结算付款，直至达标。

第三节 重点工作完成时限

一、项目开工档案交底培训

项目正式开工，设计、监理、施工、监造等参建单位陆续产生大量工程档案资料。建管单位务必重视全过程档案资料管理，落实属地工程档案交底培训，根据里程碑计划，分段分序落细各参建方归档责任，补齐档案交底培训缺失短板。

完成时限：项目开工时，建管单位同步组织发放档号、目录号，完成参建单位关键账号注册和档案交底培训，档案专业人员对业主、设计、监理、施工、制造、监造等参建单位关键人员全面宣讲档案法规、标准规范，提高参建人员档案意识，明确质量达标要求，答疑释惑补缺补失，培训到位、讲解到位、要求到位。

二、纳入进度安全质量体系

将项目档案质量纳入工程进度、安全、质量管理体系，提升工程建设全过程双版档案质量，强化工程设计源头控制、设备物资进场验收、施工过程工艺控制、设备安装调试、工程验收启动等全过程关键环节的档案质量管控，突出档案质量监理责任，深度治理档案资料“五不同步”和“三补一代、档案失真”通病问题，确保关键环节管控责任落实到位。

完成时限：检查工程进度、安全和质量时，同步检查、评价双版档案形成、积累、达标情况，针对存在的问题，业主项目部开展针对性考核。

三、建立工程项目基础信息

规划管理、基建管控、ERP、经法、ECP2.0等系统应主动推送项目编号、核准名称、建设性质、建设规模、投资计划、委建单位等工程对等信息，业主项目部负责建立建管、设计、施工、监理、制造、监造等项目参建单位基础信息，分类注册矢量馆平台业主项目经理、设总（设计代表）、施工项目经理、监理项目总监、物资采购合同及制备监造合同签订单位联系人、设备厂家代表、第三方监造驻厂代表8类关键责任用户账号，落地实施电子版档案与工程建设里程碑计划同步上传、同步审核、同步管理。

完成时限：项目正式开工前，业主项目部全面完成工程项目基础信息和关键用户录入、审核、注册任务。

四、批量挂接DWF矢量图

按照“谁设计、谁整理、谁移交”“源头数据、全程共享”原则，中标设计单位、设备制造单位负总责，利用国网甘肃省电力公司二维码管理系统（简称《二维码管理系统》），为每张矢量图产生共享二维码（系矢量图电子身份证，建设、设计、制造单位可共享共用，与区块链无缝对接），按照甲方要求向矢量馆平台批量挂接DWF矢量施工图、竣工图、设备图。

1. 设计单位挂接DWF矢量施工图

施工图设计阶段结束，通过建设、设计、监理、施工四方审查，由设总、主设人员负责，同步更新完善每张施工图共享二维码的四方审核人信息，按照甲方要求向矢量馆平台批量挂接完毕DWF矢量施工图。

完成时限：项目正式开工前，由业主项目部通知设计单位，全面完成工程项目DWF矢量施工图批量挂接任务，完不成任务者严格兑现考核并延缓支付结算款。

2. 设计单位挂接DWF矢量竣工图

施工建设过程中，根据设计变更、现场签证，设总、主设人员负责，及时重新修改、补充、完善竣工图，同步更新图例竣工图阶段、补充完善每张竣工图的共享二维码设计、监理审核人信息，结合竣工图会审要求，完成全部DWF矢量竣工图编制、整理工作，按照甲方要求向矢量馆平台批量挂接完毕DWF矢量竣工图。

完成时限：工程投产一个月内，业主项目部负责通知设计单位，全面完成工

程项目 DWF 矢量竣工图批量挂接任务，完不成任务者严格兑现考核并延缓支付结算款。

3. 制造单位挂接 DWF 矢量设备图

设备制造单位完成图纸设计（含外委设计）、审核、定版时，应为每张制造图、电气图、安装图同步加盖矢量图共享二维码（含设计单位、主设人、审核人等可追溯信息），完成全部 DWF 矢量设备图编制、整理和向矢量馆平台批量挂接任务。

完成时限：设备启运前一个月内，由物资公司、业主项目部通知设备制造单位，全面完成 DWF 矢量设备图批量挂接任务，完不成任务者暂缓支付结算款，直至达标。

五、批量挂接双层 PDF 文本类档案

按照“谁产生、谁整理、谁移交”“源头数据、全程共享”原则，分别由设计总代、监理总监、施工项目经理和制造、监造单位代表负总责，全口径、全过程、全要素狠抓文本、图表类电子档案的日形成、周积累、月检查，按照“三不放过”原则审核定稿，输出转版双层 PDF，质量达标。充分利用二维码管理系统为每份电子档案产生共享二维码（系电子文件身份证，甲乙双方共享共用，与区块链无缝对接），由各参建单位按照工程建设阶段关键管控节点及时向矢量馆平台批量挂接 PDF 文本类档案。

完成时限：项目转段转序后一个月内，按照甲方统一要求，完成矢量馆平台文本类双层 PDF 电子档案批量挂接任务。完不成任务或验收不合格者暂缓支付结算款，直至达标。

六、纸质版档案移交进馆

本着“先电子、后纸质”原则，各参建方针对已上传挂接的电子档案，全面梳理核查、查漏补缺，遵循国家电网有限公司新版档案整理规范，依托矢量馆平台辅助整编，分类组卷。按照档号、目录号要素规则排列整编纸质档案，纸质电子双版档案必须版式一致、一一对应，按卷装订、分卷装盒，打印背脊封面，编制移交清册，装订、装具、打印整齐美观、质量达标。业主项目部统一集中业主、设计、监理、施工、设备、监造等档案，初验合格后向上级单位提出申请，待档案专项验收达标后，由各参建单位同时移交进馆。

完成时限：竣工验收三个月内，330kV 及以上输变电工程整套正本、孤本等纸质版档案，由业主项目部会同各参建方正式移交省公司工程档案馆。35～110kV 输变电建设工程和 10kV 及以下农网配电网、脱贫攻坚、生产技改大修工程整套

正本、孤本等纸质版档案，由业主项目部会同各参建方正式移交市县公司档案馆（室）。

第四节　贯彻落实工作要求

一、加强领导，有效协同

公司各级建管单位、合同签订单位、合同履约单位要全面加强领导，认真贯彻实施《中华人民共和国档案法》，站在依法治企的高度深化对保全档案资产重要性的认识，大力提高工程建设全领域、全过程、全要素档案意识和基础管理水平。研究制订基础性、根本性、全局性重大举措，推进项目档案治理体系和治理能力建设。业主项目部要提高指挥部作用，有效组织协同，狠抓工程建设长链条、多关口、全业务档案源头管理、过程管理、结果管理，保证档案基础资料的齐全性、真实性、规范性，全面推进项目档案双版质量双达标。

二、逐级宣贯，落地一线

建管单位、合同签订单位、合同履约单位要全面加强投资主体责任和履约、资金支付管控责任，加大国家和国家电网档案标准规范逐级宣贯力度，把公司最新要求落地业主、设计、监理、施工、制造、监造等一线窗口，切实将“谁主管、谁负责”“谁形成、谁整理、谁移交”原则落实落细，严格治理基础档案资料“今日拖明日，明日复明日”形成不到位、积累不到位、管理不到位问题，彻底堵塞源头漏洞，把双版档案达标作为工程验收、项目评优的必备条件，有效形成“建设+档案”“建设+审计”两手硬、两促进良好局面。

三、关口前移，管理前置

建管、履约、支付单位和档案归口管理部门关口前移，根据项目阶段、里程碑计划和重点工作与关键管控节点，将双版档案资料纳入工程进度、安全、质量、付款同步检查考核。业主、监理、施工项目部和各参建单位建立双版档案资料“形成不过日、积累不过周、检查不过月”管理前置机制，按照“土建、安装工程验收规程”和“国网基建标准化管理模板”要求形成、产生档案资料，严格执行“今日事、今日毕，日办日结、事不过日”制度，全过程提高基础资料内在质量。人力不足的参建单位应当引入省公司统一招标的档案技术服务合格供应商协助整编工程档案。

四、矢量资源，同步上链

矢量馆平台是为建立省公司级矢量资源仓库而专门设计研发的区块链创新应用平台，项目一期已正式上线，旨在把公司投资建设的35～750kV输变电工程、10kV农配电网工程等各类矢量图高级资源和电网关键设计数据，与项目建设同计划、同进度、同关口上链集约、颗粒归仓、资源入库、质量达标，打造矢量资源高地，扩大公司投资效益。研究开发点面线授权模型，为生产运行、运维检修、供电所、营业站一线和电网应急抢修提供主动式大数据移动服务，解决一线制约瓶颈和看图难题。

五、全面整改，通报考核

各级单位应结合实际情况制订项目档案管理实施细则，规模以上投资项目必须具有档案工作专项方案。2020年及以后在建、新建、竣工验收工程，责任主体严格按照时限要求，完成电子、纸质双版档案质量达标、挂接上链、移交进馆任务。2019年底之前近5年已投产、竣工工程，各级责任单位全面开展回头看、回头查、回头改，2020年7月底前完成DWF矢量图回溯移交任务，2020年11月底前完成双版档案资料补缺、补漏、补全任务。上述任务完成情况将进行动态检查通报，对于发现的失真失责失查问题，办公室会同审计、巡查部门严肃追责问责，并纳入企业负责人年度专业考核。

小型基建、生产辅助技改大修、营销投入、调度自动化、独立二次、研究开发、信息化数字化、零购、管理咨询、专项成本、三供一业、租赁项目，各级产业单位投资、大修技改、成本等项目，档案日常管控、双版档案内在质量达标工作，参照以上要求执行。[1]

---

[1] 第二章内容主要是《国网甘肃省电力电力公司关于强化电网建设项目档案工作的意见》（办〔2020〕10号）、《国网甘肃省电力公司物资部关于物资采购合同增加特别约定条款的通知》（物资〔2018〕20号）文件之规定。

第三章　合规建档立档规定

第一节　招标规范书、合同协议特别约定条款管控规定

按照《国家电网有限公司合规行为准则（试行）》（国家电网法〔2021〕84 号）、《国网甘肃省电力公司办公室关于强化电网建设项目档案工作的意见》（办〔2020〕10 号）文件规定，公司各级单位在招标公告、经法系统或 ECP2.0 中会签、审批合同协议时，必须加入“移交双层 PDF 文本档案资料、DWF 矢量化竣工图和关键设计数据、矢量化设备图，提供矢量图内容一致性承诺书”源头管控和归档刚性要求，全过程维护公司投资利益和合法权益。

一、招标规范书、设计合同

1. 专用部分

按照“谁设计、谁整理、谁上传、谁移交”“源头数据、全程共享”原则，设计单位设总负总责，利用二维码管理系统，为每张矢量图编制共享二维码（系矢量图电子身份证，建设、设计、制造单位可共享共用，与区块链无缝对接），按照甲方要求向矢量馆平台批量挂接 DWF 矢量化施工图、竣工图。

2. 特别约定

设计档案双版移交标准：纸质档案必须是正本、原件，复印件无效，设计文件齐全、设计数据完整、图纸资料成套、案卷质量达标，纸质施工图不归档，竣工图纸折叠符合国标。电子档案与纸质档案内容格式匹配，文本类必须达到双层 PDF 格式标准，施工图、竣工图达到 DWF 矢量图标准，由设计单位负责按工程阶段和关键节点动态上传矢量馆平台，竣工验收时由设计单位负责制作成档案级光盘或移动硬盘与纸质档案一并移交相应档案馆（室），同时提供电子纸质双版档案内容一致性承诺书。

二、招标规范书、施工合同

1. 专用部分

按照“谁施工、谁整理、谁上传、谁移交”“源头数据、全程共享”原则，施工单位施工项目经理负总责，全口径、全过程、全要素狠抓文本、图表类电子档案的日形成、周检查、月考核，按照“三不放过”原则审核定稿，输出转版双层PDF，质量必须达标。利用二维码管理系统，为每份电子档案产生共享二维码（系电子文件身份证，甲乙双方共享共用，与区块链无缝对接），按照工程建设阶段关键管控节点及时向矢量馆平台批量挂接PDF文本类档案。

2. 特别约定

施工档案双版移交标准：纸质档案必须是正本、原件，复印件无效，记录、日志齐全、签字盖章完整、过程资料成套，质量必须达标。电子档案与纸质档案内容格式匹配，文本类必须达到双层PDF格式标准，数码照片、音频、视频质量达标，由施工项目部负责按工程阶段和关键节点动态上传矢量馆平台，竣工验收时由施工项目部负责制作成档案级光盘或移动硬盘与纸质档案一并移交相应档案馆（室）。

三、招标规范书、监理合同

1. 专用部分

按照“谁监理、谁整理、谁上传、谁移交”“源头数据、全程共享”原则，监理单位项目总监负总责，全口径、全过程、全要素狠抓文本、图表类电子档案的日形成、周检查、月考核，按照“三不放过”原则审核定稿，输出转版双层PDF，质量必须达标。利用二维码管理系统，每份电子档案产生共享二维码（系电子文件身份证，甲乙双方共享共用，与区块链无缝对接），按照工程建设阶段关键管控节点及时向矢量馆平台批量挂接PDF文本类档案。

2. 特别约定

监理档案双版移交标准：纸质档案必须是正本、原件，复印件无效，记录、日志齐全、手签盖章完整、过程资料成套，质量必须达标。电子档案与纸质档案内容格式匹配，文本类必须达到双层PDF格式标准，数码照片、音频、视频质量达标，由监理项目部负责按工程阶段和关键节点动态上传矢量馆平台，竣工验收时由监理项目部负责制作成档案级光盘或移动硬盘与纸质档案一并移交相应档案馆（室）。

四、招标规范书、物资（设备）合同

1. 专用部分

按照“谁制造、谁整理、谁上传、谁移交”“源头数据、全程共享”原则，设备制造单位负总责，在完成图纸设计（含外委设计）、审核、定版时，利用二维码管理系统，为每张制造图、电气图、安装图同步加盖矢量图共享二维码（含设计单位、主设人、审核人等可追溯信息），完成全部 DWF 矢量设备图编制、整理和向矢量馆平台批量挂接任务。

2. 特别约定

物资（设备）档案双版移交标准：纸质档案必须是正本、原件，复印件无效，设备装箱资料齐全、三方验收签字完整、纸质版电子版配套，由中标厂家按照国家电网新版规范整理，质量必须达标。电子档案与纸质档案内容格式匹配，文本类说明书必须达到双层 PDF 格式标准，电气图、制造图、安装图等设备图必须达到 DWF 矢量图标准，由中标厂家负责在工程设备安装阶段之前上传矢量馆平台，施工项目部负责检查，竣工验收时由中标厂家、施工项目部负责制作成档案级光盘或移动硬盘与纸质档案一并移交相应档案馆（室）。

五、招标规范书、监造合同

1. 专用部分

按照“谁监造、谁整理、谁上传、谁移交”“源头数据、全程共享”原则，监造单位负总责，全口径、全过程、全要素狠抓文本、图表类电子档案的日形成、周检查、月考核，按照“三不放过”原则审核定稿，输出转版双层 PDF，质量必须达标。利用二维码管理系统，为每份电子档案产生共享二维码（系电子文件身份证，甲乙双方共享共用，与区块链无缝对接），按照监造阶段关键管控节点及时向矢量馆平台批量挂接 PDF 文本类档案。

2. 特别约定

监造档案双版移交标准：纸质档案必须是正本、原件，复印件无效，报告记录齐全、手签真实完整、过程资料成套，质量必须达标，严禁补签字、补记录、补日志等造假行为，监造总结必须由原件封装成册。电子档案与纸质档案内容相同、规格统一、版式一致、文字数据一一对应，文本类必须达到双层 PDF 格式标准，由监造单位驻厂代表负责动态上传矢量馆平台并制作成档案级光盘或移动硬盘与纸质档案一并移交相应档案馆（室）。

六、招标规范书、分包合同

1. 专用部分

按照“谁承包、谁整理、谁上传、谁移交”“源头数据、全程共享”原则，分包商负总责，全口径、全过程、全要素狠抓报审表单等文本、图表类电子档案的日形成、周检查、月考核，按照“三不放过”原则审核定稿，输出转版双层PDF，质量必须达标。利用二维码管理系统，为每份电子档案产生共享二维码（系电子文件身份证，甲乙双方共享共用，与区块链无缝对接），按照分包标段关键管控节点及时向矢量馆平台批量挂接双层PDF文本类档案。

2. 特别约定

分包施工档案双版移交标准：纸质档案必须是正本、原件，复印件无效，报告记录齐全、手签真实完整、过程资料成套，质量必须达标，严禁补签字、补记录、补日志等造假行为，监造总结必须由原件封装成册。电子档案与纸质档案内容相同、规格统一、版式一致、文字数据一一对应，文本类必须达到双层PDF格式标准，由分包商负责动态上传矢量馆平台并制作成档案级光盘或移动硬盘与纸质档案一并移交相应档案馆（室）。

七、招标规范书、第三方委托检测合同

1. 专用部分

按照“谁承包、谁整理、谁上传、谁移交”“源头数据、全程共享”原则，第三方委托检测机构负总责，全口径、全过程、全要素承担检测报告等文本、图表类电子档案的真实性，按照定稿输出转版双层PDF，质量必须达标。利用二维码管理系统，为每份电子档案产生共享二维码（系电子文件身份证，甲乙双方共享共用，与区块链无缝对接），按照委托时间节点及时向矢量馆平台批量挂接双层PDF文本类档案。

2. 特别约定

检测报告档案双版移交标准：纸质档案必须是正本、原件，加装CMA印章，复印件无效，报告数据完整、真实、可靠，记录齐全，质量必须达标，严禁补数据、补记录、补签字等造假行为。电子档案与纸质档案内容相同、规格统一、版式一致、文字数据一一对应，文本类必须达到双层PDF格式标准，由第三方检测（或项目部）机构负责动态上传矢量馆平台并制作成档案级光盘或移动硬盘与纸质档案一并移交相应档案馆（室）。

八、招标规范书、技术服务合同

1. 专用部分

按照“谁服务、谁整理、谁上传、谁移交”“源头数据、全程共享”原则，技术服务方负总责，全口径、全过程、全要素承担技术服务等文本、图表类电子档案的真实性，文本类必须达到双层 PDF 格式标准，技术图必须达到 DWF 矢量图标准。利用二维码管理系统，为每份电子档案产生共享二维码（系电子文件身份证，甲乙双方共享共用，与区块链无缝对接），按照委托时间节点及时向矢量馆平台批量挂接双层 PDF 文本类档案。

2. 特别约定

技术服务档案双版移交标准：纸质档案必须是正本、原件，复印件无效，报告数据完整、真实、可靠，记录齐全、质量必须达标，严禁补数据、补记录、补签字等造假行为。电子档案与纸质档案内容相同、规格统一、版式一致、文字数据一一对应，文本类必须达到双层 PDF 格式标准，由技术服务方负责动态上传矢量馆平台并制作成档案级光盘或移动硬盘与纸质档案一并移交相应档案馆（室）。

九、考核要求

档案约定条款，所有合同协议必须作为独立附件，附在合同协议书之后。

各级单位经法系统审批各类合同流程时，必须纳入审核流程内容管控、考核。

国网 ECP2.0 中完成合同协议书签署盖章后，应将合同协议书与档案约定条款附件，导入矢量馆平台，完成甲乙双方档案约定条款签字盖章，实现 ECP2.0 补缺功能。

公司系统产业设计、施工、监理、制造等单位签署合同协议时，应在省公司矢量馆平台上完成流程审核，实现异地签字盖章。

招标规范书、合同协议合规建档档案特别约定条款源头管控规定，各级单位办公室（综合部）全过程纳入督办、考核。

示例 1：设计合同协议书之附件

招标规范书、设计合同合规建档约定条款

按照《国家电网有限公司合规行为准则（试行）》（国家电网法〔2021〕84 号）、《国网甘肃省电力公司办公室关于强化电网建设项目档案工作的意见》（办〔2020〕10 号）文件规定，建立设计招标规范书、设计合同合规建档约定条款。

1. 专用部分

按照“谁设计、谁整理、谁上传、谁移交”“源头数据、全程共享”原则，设计单位设总负总责，利用二维码管理系统，为每张矢量图编制共享二维码（系矢量图电子身份证，建设、设计、制造单位可共享共用，与区块链无缝对接），按照甲方要求向矢量馆平台批量挂接 DWF 矢量化施工图、竣工图。

2. 特别约定

设计档案双版移交标准：纸质档案必须是正本、原件，复印件无效，设计文件齐全、设计数据完整、图纸资料成套、案卷质量达标，纸质施工图不归档，竣工图纸折叠符合国标。电子档案与纸质档案内容格式匹配，文本类必须达到双层 PDF 格式标准，施工图、竣工图达到 DWF 矢量图标准，由设计单位负责按工程阶段和关键节点动态上传矢量馆平台，竣工验收时由设计单位负责制作成档案级光盘或移动硬盘与纸质档案一并移交相应档案馆（室），同时提供电子纸质双版档案内容一致性承诺书。

甲方（签字盖章）　　　　　　　　乙方（签字盖章）

年　　月　　日　　　　　　　　　年　　月　　日

示例 2：施工合同协议书之附件

招标规范书、施工合同合规建档约定条款

按照《国家电网有限公司合规行为准则（试行）》（国家电网法〔2021〕84 号）、《国网甘肃省电力公司办公室关于强化电网建设项目档案工作的意见》（办〔2020〕10 号）文件规定，建立施工招标规范书、施工合同合规建档约定条款。

1. 专用部分

按照“谁施工、谁整理、谁上传、谁移交”“源头数据、全程共享”原则，施工单位施工项目经理负总责，全口径、全过程、全要素狠抓文本、图表类电子档案的日形成、周检查、月考核，按照“三不放过”原则审核定稿，输出转版双层 PDF，质量必须达标。利用二维码管理系统，为每份电子档案产生共享二维码（系电子文件身份证，甲乙双方共享共用，与区块链无缝对接），按照工程建设阶段关键管控节点及时向矢量馆平台批量挂接 PDF 文本类档案。

2. 特别约定

施工档案双版移交标准：纸质档案必须是正本、原件，复印件无效，记录、日志齐全、签字盖章完整、过程资料成套，质量必须达标。电子档案与纸质档案内容格式匹配，文本类必须达到双层 PDF 格式标准，数码照片、音频、视频质量达标，由施工项目部负责按工程阶段和关键节点动态上传矢量馆平台，竣工验收时由施工项目部负责制作成档案级光盘或移动硬盘与纸质档案一并移交相应档案馆（室）。

甲方（签字盖章）　　　　乙方（签字盖章）

年　月　日　　　　年　月　日

第二节　合规建档目标责任书

按照《国家电网有限公司合规行为准则（试行）》（国家电网法〔2021〕84号）、《国网甘肃省电力公司办公室关于强化电网建设项目档案工作的意见》（办〔2020〕10号）文件规定，为持续推进所有项目领域合规建档立档工作，敦促项目管理单位、管理部门和各类参建单位不断提高项目管理能力和水平，从2021年开始，在省公司系统单位全面推行合规建档目标责任书制度。

一、考核方（甲方）

由办公室、发展策划部（经营计划部）、财务部、纪委办公室（简称纪委办）、审计部（中心）五个部门组成，代表考核方（甲方）与责任方（乙方）签字。

办公室（综合管理部）：档案归口管理部门，负责全过程监督、督办、考核项目档案达标工作。

发展策划部（经营计划部）：投资计划管理部门，投资是起点，档案是终点，起点终点首尾相接才能实现投资计划闭环管理。

财务部：既是项目资金结算、决算部门，又是可控成本项目投资计划管理部门。审核支付进度款之前，必须与档案人员协同检查项目档案上传、归档进度，履行签字手续，才能堵住漏洞实现同步建档。可控成本类项目的起点、终点首尾相接，才能实现成本计划闭环管理。

纪委办公室：是党委巡视巡察和执纪问责部门，党管档案已经写入《中华人民共和国档案法》，因此应把合规建档规定和要求，纳入执纪问责条款检查、通报、考核。

审计部（中心）：合规使用项目资金、成果成效监督审计部门，花费一分钱必须合规合法，花费一分钱必须形成一分钱的档案。

二、责任方（乙方）

建设部门（项目管理中心）：负责规模以上大型建设项目业主、设计、施工、监理等档案资料的日常管理、流程审核、签字盖章，是全部档案合规建档合法立档第一责任部门，承担双层PDF/OFD电子版、纸质版档案质量达标总体责任、法律责任。

物资部门：负责所有项目设备、物资等电子、纸质双版档案资料齐全、完整、达标督导考核，是合同履约、物资履约、合规建档第一责任部门，承担设备档案、物资档案双层 PDF/OFD 电子版质量达标总体责任、法律责任。

生产部门（设备部、生产技术部）：负责生产技改、生产大修项目业主、设计、施工、监理等档案资料的日常管理、流程审核、签字盖章，是全部档案合规建档合法立档第一责任部门，承担双层 PDF/OFD 电子版、纸质版档案质量达标总体责任、法律责任。

配改办：负责配电网、农网项目和其他委建项目业主、设计、施工、监理等档案资料的日常管理、流程审核、签字盖章，是全部档案合规建档合法立档第一责任部门，承担双层 PDF 电子版、纸质版档案质量达标总体责任、法律责任。

营销部门：负责营销业扩项目业主、设计、施工、监理等档案资料的日常管理、流程审核、签字盖章，是全部档案合规建档合法立档第一责任部门，承担双层 PDF/OFD 电子版、纸质版档案质量达标总体责任、法律责任。

调度部门：负责调度自动化、通信工程、独立二次等项目和其他委建项目业主、设计、施工、监理、厂家等档案资料的日常管理、流程审核、签字盖章，是全部档案合规建档合法立档第一责任部门，承担双层 PD/OFD 电子版、纸质版档案质量达标总体责任、法律责任。

小型基建办公室：负责小型基建项目和其他委建项目业主、设计、施工、监理、厂家等档案资料的日常管理、流程审核、签字盖章，是全部档案合规建档合法立档第一责任部门，承担双层 PDF 电子版、纸质版档案质量达标总体责任、法律责任。

综合服务中心：负责生产辅助技改、生产大辅助修项目和其他委建项目业主、设计、施工、监理、厂家等档案资料的日常管理、流程审核、签字盖章，是全部档案合规建档合法立档第一责任部门，承担双层 PDF/OFD 电子版、纸质版档案质量达标总体责任、法律责任。

互联网部：负责企业信息化、数字化项目档案资料的日常管理、流程审核、签字盖章，是全部档案合规建档合法立档第一责任部门，承担双层 PDF/OFD 电子版、纸质版档案质量达标总体责任、法律责任。

科研管理部门：负责科研项目或其他委托项目档案资料的日常管理、流程审核、签字盖章，是全部档案合规建档合法立档第一责任部门，承担双层 PDF/OFD 电子版、纸质版档案质量达标总体责任、法律责任。

产业施工单位：地市供电公司、县供电公司营业区域内施工单位，依据施工资质承担 35～330kV 电网基建工程、生产技改大修、10kV 农村配电网项目、营销项目施工建设任务，负责施工一线档案资料的形成积累、日常管理、流程审核、签字盖章、真实完整，是源头数据、原始记录、合规建档第一责任人，承担双层

PDF/OFD 电子版、纸质版档案质量达标总体责任、法律责任。

产业设计单位：地市供电公司、县供电公司营业区域内设计单位，依据设计资质承担 35～330kV 电网基建工程、生产技改大修、10kV 农村配电网项目、营销项目勘察设计任务，负责设计项目档案资料的形成积累、日常管理、流程审核、签字盖章、真实完整，是设计数据、原始记录、合规建档第一责任人，承担双层 PDF/OFD 电子版、DWF 矢量图、纸质版档案质量达标总体责任、法律责任。

产业监理单位：省公司营业区域内监理单位，依据监理资质和省公司规定承担 35～330kV 电网基建工程、生产技改大修、10kV 配电网农网项目、营销项目监理任务，负责监理项目档案资料的形成积累、日常管理、流程审核、签字盖章、真实完整，是原始记录、合规建档、档案监理第一责任人，承担双层 PDF/OFD 电子版、纸质版档案质量达标总体责任、法律责任。

县供电公司：根据地市供电公司规定，承担县供电公司营业区域内生产技改大修、10kV 农村配电网项目、营销项目建设管理任务，负责业主、设计、施工、监理、厂家等档案资料形成积累过程的日常管理、流程审核、签字盖章、真实完整，是源头数据、原始记录、合规建档第一责任人，承担双层 PDF/OFD 电子版、纸质版档案质量达标总体责任、法律责任。

中标设备厂家：依据中标合同承担规定设备的制造安装任务，严格履约合同合规建档约定条款，负责设备档案资料的形成积累、日常管理、流程审核、签字盖章、真实完整，是设备数据、原始记录、合规建档第一责任人，承担双层 PDF/OFD 电子版、DWF 矢量图、纸质版档案质量达标总体责任、法律责任。

中标监造单位：依据中标合同承担规定设备的驻场监造任务，严格履约合同合规建档约定条款，负责监造档案资料的形成积累、日常管理、流程审核、签字盖章、真实完整，是现场数据、原始记录、监造报告、合规建档第一责任人，承担双层 PDF/OFD 电子版、纸质版档案质量达标总体责任、法律责任。

示例：地市供电公司×××年度合规建档目标责任书。

说明：刘家峡水电厂、省检修公司、直属单位、产业单位、县公司，紧密结合本单位实际情况，参照《地市供电公司×××年度合规建档目标责任书》，修改完善后执行。

地市供电公司
×××年度合规建档目标责任书

考核方（甲方）：办公室、发展部、财务部、纪委办、审计部。

责任方（乙方）：

（1）建设部（项目管理中心）、设备部、营销部、互联网部、综合服务中心等项目管理部门、物资部。

（2）地市产业设计、施工、监理单位。

（3）县公司。

为全面贯彻实施《中华人民共和国档案法》，坚持党管档案原则，扎实推进《国家电网有限公司合规行为准则（试行）》（国家电网法〔2021〕84 号）、《国网甘肃省电力公司办公室关于强化电网建设项目档案工作的意见》（办〔2020〕10 号）、《国网甘肃省电力公司物资部关于物资采购合同增加特别约定条款的通知》（物资〔2018〕20 号）文件要求落地见效，合规建档，合法立档，保障公司投资权益和发展利益，实现双层 PDF/矢量 DWF 电子档案、正本/原件纸质档案达标目标，特与业主、设计、施工（总包、分包）、监理、制造、监造等各参建方签订《×××年度合规建档合法立档目标责任书》。

一、责任期限

×××年 1 月 1 日至×××年 12 月 31 日。

二、建档范围

（1）×××年综合计划（投资、成本）项目，覆盖 16 个大类。

（2）×××年投产投运项目。

三、总体目标

（1）×××年投资、成本计划项目，16 个项目大类，全部在矢量馆平台上合规建档，项目覆盖率 100%。

（2）设计勘察合同、施工总包分包合同、监理合同、设备合同、物资合同、监造合同，双层 PDF/矢量 DWF 电子档案、纸质档案质量达标等档案特别约定条款覆盖率达到 100%。

（3）谁施工、谁记录、谁上传，施工当日，各类报审表单、记录、日志同步形成率达到100%、矢量馆平台同步上传率达到100%。业主、监理、设备厂家要求相同。

（4）当事人、经手人、审查人、审核人、审批人，矢量馆平台线上签字率达到100%。

（5）当日上传，当日发起线上业务流程审查审核，实现全过程管控。项目部、公司级矢量馆平台线上审核率达到100%，线上盖章率达到100%。

（6）商品混凝土采购、第三方检测机构、乙供物资等合同，增加“出具与纸质版相对应的出厂检验报告、委托检测报告双层PDF电子版档案”特别约定条款，源头双层PDF达标率达到100%。

（7）纸质档案资料扫描率基本实现清零目标，现场无纸化施工率达到98%以上。业主、监理、厂家要求相同。

（8）各类电子版档案，二维码覆盖率、双层PDF率、DWF矢量化率的“电子三率”达到98%以上。

（9）施工现场工程档案月整编率、月成套率、月达标率均达到98%以上。

（10）投产当日，全部施工档案资料，归档及时率、完整率、准确率的“档案三率”均达到100%。

（11）阶段验收、上级检查、竣工验收、达标创优，施工档案高标准、高质量、一次性通过验收。

（12）《国网甘肃省电力公司办公室关于强化电网建设项目档案工作的意见》（办〔2020〕10号）、《国网甘肃省电力公司物资部关于物资采购合同增加特别约定条款的通知》（物资〔2018〕20号）文件要求，各责任主体落地率达到95%以上。

（13）县公司完成省公司档案管理提升三年行动目标任务，档案年度考核达到规范级及以上等级。

四、工作职责

（1）施工单位（含设计、监理、物资等）党政主要负责人是本公司工程档案年度目标的第一责任人，全面负责施工档案管理工作，对档案质量检查、管理指导、达标验收和档案泄密、丢失、缺失、损毁、安全事件承担领导责任。

（2）施工单位（含设计、监理、物资等）工程管理职能部门主要负责人、施工项目部经理是施工档案主体责任人，全面负责施工现场档案形成、上传、审核、积累、检查、管理工作，对档案同步率、准确率、完整率、齐全率、合格率承担落实责任。

（3）大力普及《中华人民共和国档案法》，建立“人人都是档案员”意识，治理重合同、轻档案，重施工、轻档案，重进度、轻档案，重质量、轻档案，重验收、轻档案的“五重五轻”问题，落地闭环管理责任、专业责任、执行责任。

（4）坚持档案工作“统一领导、分级管理”和“谁主管、谁负责”“谁形成、谁整理、谁上传”原则，严格执行国家电网档案管理办法、标准规范。组织开展档案交底培训、专项验收、档案宣传等各项管理工作，落实管理责任，确保实现年度工作目标。

（5）档案是一切工作的见证、佐证、凭证。档案质量不达标，反映出合同管理、施工组织、现场管理、安全质量、进度结算、档案管理缺失缺位，必然造成闭环管控不达标、施工管理不达标、工程建设不达标。

（6）关口前移，前置培训、前置督导、前置检查，从源头上解决工程建设进度、安全、质量、结算与档案资料形成不同步、积累不同步、签字不同步、整理不同步、归档不同步的“五不同步”问题。

（7）总包管总，合法立档；分包主建，合规建档。严格落实工程总包责任，严格管理分包队伍，深度治理施工现场补记录、补盖章、补资料、代签字的“三补一代、档案失真”问题，以档案质量达标促进工程项目建设规范化管理。

（8）严格治理基础档案资料形成不到位、积累不到位、管理不到位问题，严格执行“今日事、今日毕，日办日结、事不过日”规定，彻底堵塞源头漏洞，把双版档案达标作为进度结算、工程验收、项目评优的必备条件。

（9）业务主管部门必须建立双版档案资料“上传不过日、检查不过周、考核不过月”管理前置机制，转段转序前，相关部门与档案部门协同检查矢量馆平台双层 PDF/矢量 DWF 电子档案上传数量、质量，若档案质量不合格，档案人员不予签字，财务部门暂缓结算进度款，业务主管部门暂缓转段转序。

（10）施工现场一线，无论专业分包还是劳务分包，必须落实落细落地“谁干活、谁记录、谁建档”主体责任，严禁代记录、代签字、代建档造假行为。

（11）强化市场化主体各类合同电子档案约定条款管理。施工总包、分包合同和商品混凝土采购、第三方检测机构、乙供物资等合同，必须增加特别约定条款：源头上出具双层 PDF/矢量 DWF 电子版、纸质版档案，数据准确、内容一致、质量达标。

（12）合同双方依规注册法人基本信息及关键岗位账号，全面应用甲方矢量馆平台，施工班组必须每日由当事人在矢量馆平台填写相应业务表单，发起业务流程进行工作量、安全质量等线上审核签字，从源头上保障合规建档、合法立档。

（13）其他未尽事宜按国家电网档案工作相关管理规定执行。

五、协同闭环

（1）以年度综合计划为中心，以合同约定条款为导向，以资金结算为重点，依托矢量馆平台，相关部门协同协作，合规建档、合法立档，实现工程档案闭环管理和达标目标。

（2）资金是起点、档案是终点。发展部负责投资项目（起点）、财务部负责成本项目（起点）和项目档案（终点）闭环管理、评价、考核，从项目管理质效上维护甲方投资权益和发展利益。

（3）财务部结算进度款前，与档案部门协同，负责监督项目档案的上传率、签字率、合格率，从资金结算上维护甲方投资权益。

（4）建设部（项目管理中心）、运检部、配改办、营销部、互联网部、综合服务中心、产业单位是电网基建、生产技改大修、农村配电网、生产辅助技改大修、营销投入、小型基建、研究开发、电网信息化、零购、管理咨询、专项成本、三供一业、租赁项目、产业项目的业务主管部门，对电子、纸质双版档案质量达标承担全部责任，必须同步建档、合规建档、合法立档。

（5）物资部负责甲供物资履约管理，负责协调落实物资招标、采购合同增加档案约定条款，监督设备厂家在设备启运前一个月内在矢量馆平台上传双层PDF/矢量DWF设备档案，对电子、纸质双版设备档案质量达标承担全部责任。

（6）办公室负责监督工程档案同步率、完整率、齐全率、达标率，从档案真实性、合规性、合法性上维护甲方发展利益。

六、责任考核

（1）纪委办要把党管档案纳入年度巡视巡察计划，将重投资、轻档案，重招标、轻档案，重合同、轻档案，重建设、轻档案，重生产、轻档案，重营销、轻档案的“六重六轻”问题作为执纪问责条款，追究各级管理主体、实施主体“轻档缺档无档”“档案失真”失职违纪责任，合法立档。

（2）审计部门要依托矢量馆平台开展项目审计，有项目、有资金、必审计，并将项目档案存在问题作为专项条款纳入审计报告，反馈监督问题单位及时整改，合规建档。

（3）甲方负责对乙方的项目档案管理工作责任进行监督、检查、指导，定期或不定期对乙方的制度落实及业务运行情况进行督导。

（4）对责任期内乙方工作责任落实不到位，不能按期完成总体目标合规建档任务，甲方业务主管部门依托矢量馆平台开展月度绩效考核。

（5）发展部、财务部根据投资、成本计划项目管理能力、执行效果，依托矢量馆平台对项目管理、档案质量定期开展检查考核，实现项目首（投资）尾（档案）相接、闭环管理。

（6）办公室负责省公司办公室10号文件、物资部20号文件责任落地考核。

（7）办公室同步开展矢量馆平台项目档案双层PDF/矢量DWF上传进度质量跟踪检查，发生转段转序重要节点档案质量、上传数量不达标，将对业务主管部门、合同乙方进行月度绩效考核。

（8）有1个项目整体档案质量不达标，致使年度总体目标未实现，将纳入部门（市县公司）负责人年度考核，兑现年度绩效。

七、附则

（1）本责任书经甲（部门）、乙双方第一责任人签字后生效。

（2）本责任书签字方各执一份。

甲方（签字）：　　　　　　　　　　　　乙方（签字）：

办公室：
发展部：
财务部：
纪委办：
审计部：

年　月　日　　　　　　　　　　　　年　月　日

第三节 施工总包分包单位合规建档职责

按照《国家电网有限公司合规行为准则（试行）》（国家电网法〔2021〕84 号）、《国网甘肃省电力公司办公室关于强化电网建设项目档案工作的意见》（办〔2020〕10 号）文件规定，建立施工总包分包单位合规建档职责。

一、基本原则

总包管总、合法立档，分包主建、合规建档，分级监管、分类达标。

二、分包商职责

（1）开展《国家电网有限公司合规行为准则（试行）》（国家电网法〔2021〕84 号）进项目部、进一线、进现场活动，面向参建单位全员广泛宣传其主要内容和合规要求，在各类项目领域切实形成“人人讲合规，处处显合规，事事重合规”的良好氛围。

（2）负责现场施工一线档案资料的形成积累、真实完整，是源头数据、原始记录、合规建档第一责任人，承担电子版、纸质版档案质量达标主体责任、法律责任。

（3）负责建立配套的工程档案管理组织机构，配置 1～2 名专职资料员，积极参加档案技术培训，提高档案资料管理水平，确保工程档案资料达标移交。

（4）施工当日，必须由当事人、经手人在矢量馆平台线上填写施工记录、日志、进度、报审、验评等标准化业务表单，源头内审初核，发起流程提交施工项目部确认、审核、盖章。

（5）施工现场必须执行“当日事、当日毕，事不过日、日办日结”规定，严禁代记录、代签字、代建档违规违法行为。

（6）施工现场严禁发生建档立档与工程进度、结算形成不同步、积累不同步、上传不同步、签字不同步、归档不同步的“五不同步”问题。

三、总包单位职责

（1）负责施工一线档案资料的日常管理、流程审核、签字盖章，是施工档案合法立档第一责任人，承担电子版、纸质版档案质量达标总体责任、法律责任。

（2）土建、电气、线路等专业分公司（主管部门），必须与施工项目部签订《合规建档目标责任书》，同步上传矢量馆平台。

（3）施工项目部是总包单位现场施工的授权者、组织者、管理者，负责施工档案资料的全过程管理，严禁出现以包代管、以罚代管和两张皮、两分离、两弱化问题。

（4）施工项目部经理全权负责矢量馆平台项目建项、项目部关键成员（总工、技术、安全、物资、结算）账号注册申请、分包商关键成员（法人、负责人、班长、关键工种）账号注册申请，项目开工时必须提前具备矢量馆平台线上、手机端使用条件。

（5）施工总包、分包合同、采购合同、检测合同，必须同步上传矢量馆平台。

（6）全面加强对施工项目部、分包商的现场档案业务、计算机应用、移动端培训，提高线上操作能力、作业能力、电子档案达标能力。

（7）施工项目部经理、总工、技术安全等 3 个核心岗位人员，应加强业务流程线上会签、交叉验证，及时在矢量馆平台完成当日施工业务表单的审核、签字、盖章。

（8）签订商品混凝土采购合同、第三方机构委托检测合同时，必须加入“同步提供与纸质版检验报告数据相同、内容一致的双层 PDF 电子版检测报告”特别约定条款。

（9）乙供物资招标规范书、采购合同，必须加入档案约定条款。即提供双层 PDF/矢量 DWF 电子版、正本/原件纸质版档案，复印件无效。

（10）施工大纲、报审表单、检测报告、施工日志等所有文本类电子版档案，施工项目部负责同步在右上角加盖二维码。

四、监管与考核

（1）档案资料必须纳入工程进度、安全、质量、结算管理体系同步化、一体化、规范化管理，强化对分包商的监管与考核，实现融合式发展，是对施工管理的刚性要求。

（2）项目开工之日，矢量馆平台未建项、要求账号未注册、施工总包分包合同未上传，对主管部门、专业分公司、施工项目部，分别进行月度绩效考核。

（3）开展项目部级、公司级“形成不过日、审核不过周、检查不过月”月度考核。

（4）对分包人档案资料违约行为，施工承包人根据实际情况，参照以下标准予以考核，扣除专业承包人相应合同价款。

1）在公司级及以上的各类专业检查中，档案资料受到通报批评的，每次扣除合同价款 0.1 万～0.3 万元。

2）现场档案资料管理混乱，发生建档立档与工程进度“五不同步”问题，代记录、代签字、代建档违规违法行为，档案资料质量不达标等情形之一者，每次扣除合同价款 1 万元。

3）在项目部及上级单位组织的档案资料检查中发现问题，视问题严重程度，每次扣除合同价款 0.1 万元～0.3 万元，需要返工的无条件按要求进行返工处理。

第四节　施工分包合同合规建档约定条款

按照《国家电网有限公司合规行为准则（试行）》（国家电网法〔2021〕84 号）、《国网甘肃省电力公司办公室关于强化电网建设项目档案工作的意见》（办〔2020〕10 号）文件规定，建立施工分包合同合规建档约定条款。

（1）档案资料是工程质量管理体系的有机组成部分，谁施工、谁记录、谁担责，合规建档、合法立档，是施工管理刚性要求。

（2）承包人（分包商）法定代表的授权委托人为工程档案资料第一责任人，承担建档立档和质量达标主体责任、法律责任。

（3）档案是施工过程的真实记录，必须尊重事实，符合建档逻辑。

（4）树立“合规立身”价值导向，切实做到源头合规、记录合规、审核合规、签字合规、盖章合规，以基础单元、业务表单合规推动工程项目过程档案合规、质量达标。

（5）施工作业层班组主要岗位人员，全面掌握矢量馆平台操作方法。

当日施工，施工当日必须由当事人在矢量馆平台填写线上标准化业务表单，发起流程提交施工项目部确认、审核、盖章。

（6）施工现场必须执行“当日事、当日毕，事不过日、日办日结”规定，严禁“代记录、代签字、代建档”违规违法行为。

（7）施工现场，严禁发生建档立档与工程进度、结算形成不同步、积累不同步、上传不同步、签字不同步、归档不同步的“五不同步”问题。

（8）承包人（分包商）应建立配套的工程档案管理组织机构，配置 1～2 名专职资料员，积极参加档案技术培训，提高档案资料管理水平，确保工程档案资料完整移交。

（9）工程档案资料纳入进度、安全、质量、结算同步检查考核，形成不及时、上传不及时、归档不及时，电子档案、纸质档案质量不达标，施工承包人按分包人质量违约行为予以考核，在支付承包人（分包商）进度款时扣除合同价款。

（10）对分包人档案资料违约行为，施工承包人根据实际情况，参照以下标准予以考核，扣除专业承包人相应合同价款。

1）在公司级及以上的各类专业检查中，档案资料受到通报批评的，每次扣除合同价款 0.1 万元～0.3 万元。

2）现场档案资料管理混乱，发生建档立档与工程进度“五不同步”问题，代记录、代签字、代建档违规违法行为，档案资料质量不达标等情形之一者，每次扣除合同价款 1 万元。

3）在项目部及上级单位组织的档案资料检查中发现问题，视问题严重程度，每次扣除合同价款 0.1 万元～0.3 万元，需要返工的无条件按要求进行返工处理。

甲方（签字盖章）：　　　　　　乙方（签字盖章）：

年　　月　　日　　　　　　　　年　　月　　日

第五节　推广普及矢量馆平台要求

一、术语及其相关概念

（一）术语

（1）什么叫矢量？

既有大小又有方向的量称为矢量。矢量资源是一种稀缺资源、战略资源、高端资源。

（2）什么叫矢量图？有什么特点？

矢量图是用一组指令集合来描述图形的内容，这些指令用来描述构成该图形的所有直线、圆、圆弧、矩形、曲线等图元的位置、维数和形状。

优点：矢量图只能靠软件生成，图像与分辨率无关，可以缩放到任何大小不失真，在任何分辨率下打印和显示，不会丢失图形细节或降低质量。矢量文件小、占用空间少、低带宽网络条件下打开速度快。处理软件有 CorelDraw、illustrator、Freehand、XARA、CAD 等。

缺点：颜色少，难以表现多种色彩的逼真效果。

（3）什么叫位图？有什么特点？

位图是由无数像素构成的图案。文件格式主要有 jpeg、png、bmp、gif、tiff 等。

优点：位图的像素都分配有特定的位置和颜色值，位图图像善于重现颜色的细微层次，即色彩丰富。

缺点：位图与分辨率息息相关，代表固定的像素数。位图缩放时，或在高于原始分辨率的条件下显示或打印时，图像会参差不齐或降低图像质量。像素越高文件越大、占用空间多、网络传输慢、低带宽网络条件下打不开文件，扫描图就是典型位图。

（4）什么叫 DWF 矢量图？

DWF（Design Web Format）文件格式是 Autodesk 公司专门为 CAD 设计平台共享工程设计数据而设计的一种安全的开放式文件格式。

（二）DWF 文件格式的优势

（1）DWF 文件可高度压缩，其大小比原设计图形文件 DWG 缩小 8 倍。

（2）由于 DWF 文件小，大大缩短了传输时间，传递更加快捷，网络传输效率更高。

（3）DWF 不可编辑，更安全，不涉及知识产权问题，可打消设计单位顾虑，避免与设计单位的扯皮纠纷。

（4）来源渠道正宗畅通，CAD 设计图只需要输出为 DWF 格式，即可产生高精度、高标准、高品质的矢量图，无需再扫描纸质图纸，可节省大笔费用开支。

（5）与分辨率无关，适应性强，显示、打印失真。

（6）放大缩小不失真，可满足现场一线需要。

基于以上比较优势和深度分析研究，国网甘肃省电力公司优选 DWF 作为二维矢量图文件格式，并为每张矢量图加装二维码，产生电子身份证，研发 PC 端、手机端程序，国内首次实现利用手机查看矢量图。

二、推广普及应用要求

矢量馆平台相对冷门，专业技术性较强，多数人尚不了解、不认识、不掌握矢量资源对企业可持续发展的重要意义。建立省公司级矢量资源场，掌握核心设计数据，推动合规建档制度创新，引领矢量化潮流，实现高端价值和国家电网系统整体效益。

（1）全面普及应用。业主、招标、设计、施工、监理、厂家、物资、监造、分包、检测、调试、运行等各关联方单位，从 2021 年起全面推广应用、普及使用省公司矢量馆平台。

（2）投资、成本计划项目建项。依托矢量馆平台，全面开展电网基建、农村配电网、生产技改大修、调度自动化、独立二次、小型基建、生产辅助技改大修、市场营销、业扩、研究开发、电网信息化、零购、管理咨询、专项成本、“三供一业”、租赁项目等投资计划、成本项目和各级产业单位综合计划、产业技改大修、产业生产辅助技改大修、成本计划等项目的建项工作，完成所有投资计划、成本计划项目全覆盖、一体化、平台化、多元化管理。

（3）省招标公司通过矢量馆平台发送中标通知书。中标单位必须在领取中标通知书之前申请建项、填全法人单位基本信息、发票信息，招标中心监管督办。

（4）合同约定条款异地签字盖章。省物资公司在 ECP2.0 系统中完成甲乙双方合同协议书（俗称通用条款）异地签字盖章后，再通过矢量馆平台完成甲乙双方合同约定条款（合同协议书之附件）异地签字盖章，并发送合同履约单位，补充解决 ECP2.0 正文、附件不能同步签字盖章问题。

（5）注册矢量馆平台工作账号。凡是中标单位，业主、设计、施工、监理、厂家、物资、监造、分包、检测、调试、运行等单位，必须申请注册工作账号，必须通过矢量馆平台发送项目部成立文件、启用印章文件、会议通知（如设计联络会等）、工作联系单，不得通过外网邮件发送。委建单位（建管单位、业主单位）建设部（主管部门）监管督办，没有建项、账号注册不全，全部纳入考核。

（6）通过矢量馆平台开展施工图、竣工图会检、会审。设计单位完成施工图设计，编制二维码，同步挂接上传矢量馆平台，业主、监理、施工、厂家、运行等参建单位，在矢量馆平台上审核每一张施工图，出具会议纪要。原则上设计单位只出版一套纸质版图，用于会检会审即可，避免造成浪费。

（7）通过矢量馆平台中的矢量图开展项目结算、决算。技经部门通过矢量图开展工程结算、决算，不再依赖纸质图。

（8）每日形成业务表单、审核签字。施工项目部、监理项目部，必须每天形成当日的记录、表单、日志，并开展流程初核、审核、审查，与工程进度保持同步。未完成任务的分包商、项目部，相关单位、分公司（主管部门）、纳入项目部级、公司级月度考核。

（9）实实在在解决现场记录认证难、取证难、存用难的“三难问题，代记录、代签字、代盖章的“三代问题”，补记录、补签字、补印章的“三补问题”，工程档案必须真实可靠，具有法律效力。

（10）监理单位必须同步监理工程档案质量。工程质量、档案质量，必须实施一体化监理，与施工质量同等监理、对等监理、同步监理。

（11）流程审核原则。施工审核分包、监理审核施工、业主审核监理、委建单位审核业主、主管单位审核委建单位。

（12）厂家电子档案必须质量达标。厂家起运设备前，在矢量馆平台上传双层

PDF/矢量 DWF 说明书、合格证、安装图、电气图，设计单位、施工单位、监理单位依次线上审核签字确认。物资履约单位（如市公司物资部）、物资合同单位（如省物资公司）同步考核。

（13）监造档案质量达标。电子监造单位，按照时间切点在矢量馆平台上传双层 PDF 过程资料，监造报告中的图片必须达标，由施工单位线上审核签字确认。监造合同单位（如省物资公司）同步考核。

（14）特别强调：矢量馆平台是合规建档平台、矢量资源平台、档案级数据中台，平台中档案具有法律效力。任何时候、任何条件下、任何场景下，提倡现场一线只做一次记录，矢量馆平台是所有档案数据唯一合法出口，其他系统、平台所需记录、资料，只需从矢量馆平台导出，上传到其他业务系统即可，杜绝重复记录、重复审核、重复浪费和劳民伤财，应实实在在为基层减负。

第六节　数字化转型线上业务表单填写原则及要求

（1）业主、设计、施工、监理等项目部和设备厂家、监造单位驻场人员，必须实施源端、源头数字化转型，从源数据抓起，依托矢量馆平台，开展线上填写业务表单、线上审核、手机签字、线上盖章，合规建档。

（2）“三必须”原则：业务表单必须来源可靠、程序规范、要素合规，必须合规记录、合规审核、合规建档，必须满足真实性、可靠性、完整性、可用性基本要求。

（3）张数与页数对应关系：一张纸等于两个页面，即 1 张等于 2 页。打印纸质版业务表单必须与电子版的页面数一一对应，即纸质版单张双页对应电子版双页，纸质版单张单页对应电子版单页，另加空白页。如 1 张封面等于两个页面。

（4）业务表单及其附件（电子、纸质双版）的页面尺寸均采用 A4（210mm×297mm）国际标准。

（5）业务表单中的表格排版布局必须达到居中排布、整齐美观标准。任何情况下，单幅面表格不得出现横跨页、列跨页，整体表格必须处于一页。

（6）表单字体字号，表头一般采用黑体、小四号字，居中排布；表内一般采用宋体、小五号字，特殊情况下应采用特殊需求的字体字号。

（7）当文字字数较多，超过某个单元表格特定容器容量即发生溢出时，应整体选中单位表格内容，通过逐级缩小字号的方式使之位于界线之内。

（8）一般情况下，单元表格内容不允许为空（验评表等特殊情况除外）。表单中的多选框按钮可以直接点击选中，再点击则取消。

（9）表单如有多个附件，点击“添加附件”按钮，逐个上传附件，及时保存，质量达标。

（10）当附件是图片、照片文件时，必须进行技术处理质量达标后方可上传。技术参数：像素为72dpi，存储格式为jpg，存储大小为每张图片控制在40KB及以下。

（11）当附件是文本扫描图像文件时，必须经OCR文字识别，实现全文检索，A4单页幅面存储大小小于40KB。

（12）当附件是视频文件时，必须经过视频转换工具（点击矢量馆平台系统首页右上角“工具下载”按钮，下载安装视频转换工具）进行转换处理，生成标准MP4格式文件，实现手机端高度兼容、快速浏览。

（13）当附件是音频文件时，必须经过音频转换工具（点击矢量馆平台系统首页右上角“工具下载”按钮，下载安装音频转换工具）进行转换处理，生成标准MP3格式文件，实现手机端高度兼容、快速听音。

（14）表单文件名可以根据实际情况进行修改。

（15）表单填写完毕，填写人负责页面、内容检查，确保每张打印版的2个面与电子版双页一一对应、内容真实可靠。

（16）表单检查无误后，由责任人点击“合规建档审核”按钮，发起在线流程审核。

第七节　合规建档线上业务流程审核要点及要求

一、基本原则

（1）项目工程档案必须来源可靠，程序规范，要素合规。

（2）项目工程档案必须合规记录，合规审核，合规建档。

（3）项目工程档案必须满足真实性、可靠性、完整性、可用性基本要求。

（4）项目部内部应跨专业交叉初核，项目部负责人必须完成终核，加盖项目部印章。

（5）施工档案由监理审核，监理档案由业主审核，业主档案由上级单位审核。

（6）电子档案归档时应当去除电子印章的数字签名信息，只保留印章图形。

二、业务流程及注意事项

（一）项目部内部

（1）初核为系项目部内部人员审核。初核为并行（多选）流程，可以选择多

个人同时审核。无初核需求时可省略该操作。

（2）终核为项目经理、总监、设代等项目负责人审核。终核为串行（选）审核，每次只能选择一人。

（3）项目部负责人、设总完成终核时，必须使用个人手机手写签字，同时在表单指定位置加盖项目部电子印章。

（4）施工项目部分两种情况：一种由施工项目部总工负责流转整个流程（见图3-1）；另一种由表单填报人负责流转流程（见图3-2）。表单填报人在点击“发送”时应选择使用哪种流程。

（5）设计、监理项目部，均由表单填写人发起业务流程。

（二）项目部之间

（1）初核或终审节点结束后，施工项目部设置项目总工的，应发送“总工办理”节点，由项目总工负责发起流转并完成流程流转审核；未设置项目总工的施工项目部（含监理项目部、设计总代、业主项目部），应发送填写表单节点，由表单填报人负责发起流转并完成流程流转审核。

（2）本项目部终核结束后，需要其他项目部审核的，可以发送到其他项目部进行会审、会签、审查，点击“发送”按钮，选择“目标项目部”的指定人员即可。

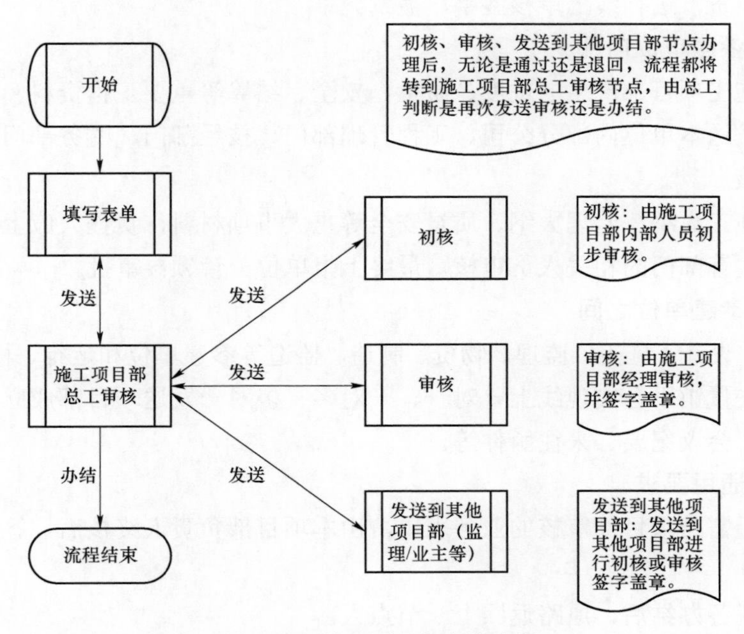

图3-1　施工项目部审核流程

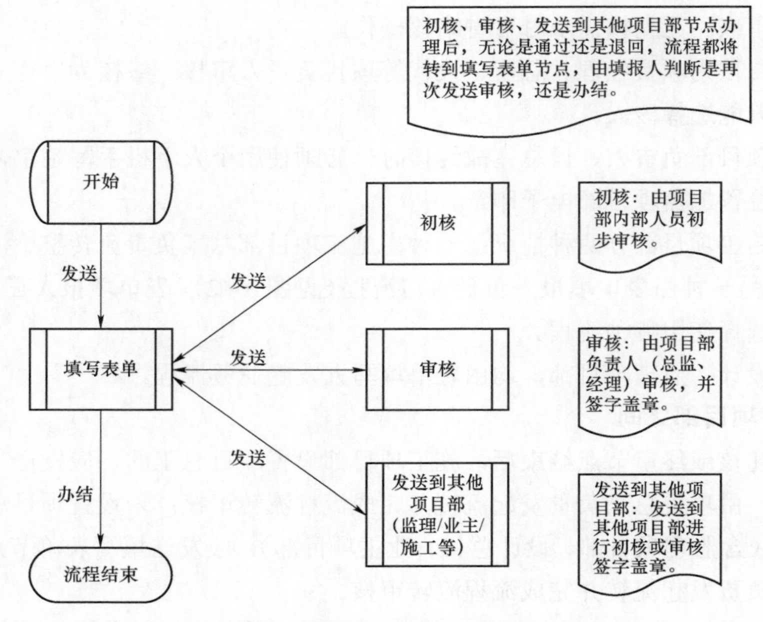

图 3－2　其他项目部审核流程

（3）不在现场的挂牌项目部经理、挂牌总监理工程师，必须利用个人手机移动端履职担责，进行线上审核签字、盖章。

（三）参建单位内部

（1）施工项目部产生的进度、质量、安全、结算等重要工程资料，可根据实际需求，发送本单位内部分公司、工程管理部门、技经部门、财务部门的相关人员进行审核。

（2）施工大纲、监理大纲、质量安全等重大事项材料，责任人应上报本单位分公司、主管部门的相关人员审核，最终上报单位分管领导审批。

（四）参建单位之间

业主、设计、施工、监理、物资、制造、监造等参建单位和运行、检修单位，均可依托矢量馆平台实现线上一对一、一对多、多对一发送项目部成立文件、工作联系单、会议纪要、来往函件等。

（五）通用要求

（1）无需跨项目部审核的业务表单，由本项目部负责人终核后，签字盖章，自动归档。

（2）任务办结后，原路返回上一节点人。

（3）当需退回时应准确填写退回意见，点击“发送”退回流程发起人；流程

发起人根据退回意见修改后再次发送退回人审核。

（4）已有签字盖章的表单，在审核过程中由于不同意被退回后，点击“办结”按钮，结束本次审核，需要重新提交新的审核流程。

（5）各节点的审核办理意见均为必填项。

（6）发送审核时，如果选错了任务办理人，可点击“撤回”按钮，重新选择审核人员。

第四章 双版档案达标规定

第一节 电子版档案内在质量管控要求

（1）电子版档案是指图纸矢量化、文本表格数据化、项目数字化管理过程中形成的具有真实、保存、利用价值的电子档案总称。

（2）电子档案“四必须”要求。电子档案与纸质档案的内容必须相同、规格必须统一、版式必须一致、文字数据必须一一对应。最终定稿电子档案的打印版转化为纸质档案，电子档案与纸质档案的整理规范标准相同。乙方应向甲方提供纸质版、电子版双版档案内容一致性承诺保证书。

（3）文本数据双层 PDF/OFD 要求。各类红头文件、文字文本、数据表单、工器具及设备说明书、可研报告、勘测报告、设计报告、技术报告、日志记录、试验报告、检测报告、监理报告、监造报告、调试报告、测试报告、结算书、竣工报告、审计报告等项目档案资料，从产生源头上必须达到双层 PDF 规范格式要求，占用存储空间 A4 幅面单页平均小于 40KB，容量大小满足甲方需求。

（4）图纸 DWF 矢量化要求。各类设计图、施工图、竣工图、制造图、线路图、设备图、器件图、改造图，紧密依托其矢量化平台设计环境，为甲方共享设计数据，从设计源头上必须输出为 DWF 矢量化等规范格式要求，占用存储空间 0～5 号幅面图平均 100KB 左右，容量大小满足甲方需求。三维设计的各种维度图也必须满足矢量化要求。

（5）路径地形图、照片图片处理要求。线路工程的路径图、可行性研究报告、初步设计报告、竣工报告、设备说明书等各类文档，必须引用、插入经过技术处理并达标的扫描地形图、照片、图片，不得直接使用原图。技术处理标准：像素为 72dpi；存储格式为 jpg；存储大小为每张图片控制在 40KB 以下。

（6）二维码在线生成要求。国网甘肃省电力公司互联网二维码信息管控平台为业务链上各参建单位免费提供在线二维码生成服务，以满足设计制造数据和图

纸的可靠性、真实性、一致性需求，保障源端数字数据向客户端无失真传递，甲乙双方均可通过二维码解码识别，验证真伪，助力高效生产，提高甲方投资效益。二维码的基本内容，设计单位应包含设计人、审核人、设计总监、设计工代等信息，监理单位应包含监理认证工程师、监理项目部经理，施工单位应包含专业认证工程师、施工项目部经理等信息，制造监造单位应包含主制造人、监造人等信息，投产运行单位应包含主管人等信息，其他内容应遵循甲方要求。

（7）电子档案数量介质要求。电子档案实行最终定稿件一式两套制移交归档模式，乙方按照项目建设阶段动态向矢量馆平台以上述指定格式分专业上链挂接最终定稿版电子档案，项目转段以电子档案达标为前提，实现甲方前置检查审核和乙方动态修改完善，在项目投运投产后 1 周内，全面完成第 1 套完整版电子档案挂接移交任务。在项目投运投产后 1 个月内，以档案级光盘或移动硬盘等形式随同纸质档案移交第 2 套完整版电子档案。除存储介质不同外，2 套电子档案内容、格式均相同，第 2 套可由第 1 套无失真、无差别拷贝复制。

（8）照片视频录音录像档案要求。归档的数码照片宜采用“照片号＋题名＋日期.扩展名”命名，扩展名格式可为 TIFF、JPEG，像素应为 800 万以上，存储大小不小于 1M。音频文件格式一般有 MP3、AV、WMA、MIDI、AAC、OGA、APE、FLAC、MPC 等。视频文件格式一般有 MP4、WMV、VOB、AVI、MPEG、MXF 等。

（9）以上电子档案质量要求，由业主项目部对中标人履约情况实施动态管理和月度考核。

第二节　纸质版档案内在质量管控要求

（1）纸质档案必须是原件、正本，均为原始记录，具有法律效力。

（2）在矢量馆平台填写业务表单、完成流程审核签字手续和线上盖章的各类电子档案，经过彩色激光打印机打印后形成的纸质档案，具有原件、正本、法律效力。

（3）纸质档案移交数量要求。甲方纸质档案实行原件 1 式 2 套制移交归档模式。乙方应在项目投运投产后 1 个月内，向甲方或甲方指定单位提供整套档案资料纸质版原件 1 式 2 套，纸质版档案内容与电子版档案必须保持一致。特殊情况下仅有 1 份原件时，应另外提供 1 份复印件并加盖厂家或出具单位公章。

（4）档案管理“四同时”要求。启动项目时，同时部署档案管理工作；签订项目合同时，同时落实档案专人管理和专用经费；检查项目进度、安全和质量时，同时检查档案情况；开展项目验收时，同时验收档案资料。

（5）形成积累“五同步”要求。项目建设过程管理与档案资料“形成同步、积累同步、签字同步、整理同步、移交同步”。甲方严格考核“补记录、补盖章、补资料、代签字”等“三补一代、档案造假”等管理不规范、不到位、不落地问题，过程档案资料必须保证“真实性”。归档范围符合《国家电网有限公司关于印发〈国家电网有限公司电网建设项目档案管理办法〉和〈国家电网有限公司电网建设项目档案验收办法〉的通知》（国家电网办〔2018〕1166 号）、《国家电网公司关于印发文件材料归档范围与档案保管期限规定的通知》（国家电网办〔2017〕131 号）规范要求。

（6）纸质档案书写材料要求。书写材料须统一使用 A4 规格的复印纸，一律使用碳素墨水、蓝黑墨水书写，不得使用圆珠笔、铅笔、红色及纯蓝色墨水和复写纸书写。打印材料须统一使用 A4 规格的复印纸，利用激光打印机打印。自行印刷的日志、会议等记录本，规格介质应符合标准规范要求。

（7）纸质档案记录签字要求。各类日志记录（含项目管理、设计、施工、监理、调试、检查、验收等）、各类报审表（含启动、开工、施工、监理、消防、隐蔽工程等）等原始记录，必须保证“原始性”。书写整齐规范，严禁字迹潦草，认读率达到 100%。若手工书写存在认知问题，可电脑打印文字图表内容，责任人履职手工签字。

纸质档案规范整理要求。遵循项目档案资料客观形成规律，保持专业管理、建设过程、业务推进、前后衔接之间的有机联系，分层分类、系统整理、组合成卷、编制页码、图纸折叠、三孔一线装订、档案装具、档案封装、封面背脊、打印质量均应符合《文书档案整理规范等九项档案业务规范》（国家电网办〔2018〕153 号）质量要求。

（8）纸质档案质量总体要求。所有档案资料必须内容准确、格式规范、齐全完整、字迹清晰、手写认读率 100%、印章齐全有效，符合档案原始记录性、有机联系性和长久保存要求。项目经理是项目档案质量达标第一责任人。档案质量不达标，意味着投资质量不达标、招标采购不达标、项目建设不达标、结算管理不达标、工程质量不达标、资格资质不达标。以档案质量达标促进工程、项目、专业规范化管理。

（9）过渡期内，以上纸质版档案质量要求，由业主项目部对中标人履约情况实施动态管理和月度考核。

（10）所有电子工程档案资料线上形成，审核签字手续齐全完整，电子印章合法有效，矢量馆平台深度应用 2 年，管住了整个项目建设全过程，可申请电子版档案单轨归档，不再归档纸质版档案，实现数字化转型。

第三节　施工项目部电子档案资料源头管控规定

全面贯彻落实《国网甘肃省电力公司办公室关于强化电网建设项目档案工作的意见》（办〔2020〕10号）文件规定，工程项目建设管理发生重大变革，土建、电气、线路等各类施工项目部要积极适应新变化、新要求、新规定，建立全口径、全过程、全要素工程档案资料动态管理考核机制，从源头上实现电子、纸质双版档案资料质量达标目标。创鲁班奖和行优、国优金奖工程，施工档案应当“一次过检、一次达标、一次过关”。

一、通用管理规定

（1）实行档案一票否决制。双版施工档案质量不达标，代表着土建施工质量不达标、电气施工安装质量不达标、线路施工质量不达标、项目管理不达标、项目监理不达标。

（2）纳入“否决项”清单。各建管单位、施工单位要将双版档案质量达标纳入“优质工程评定否决项清单”和“达标投产考核否决项清单”统一管理、评价考核。

（3）施工档案第一责任人。施工项目部经理是施工档案双版质量达标第一责任人。

（4）落实落细落地10号文件要求。施工项目部经理务必全面深入宣贯、解读、落地执行《国网甘肃省电力公司办公室关于强化电网建设项目档案工作的意见》（办〔2020〕10号）文件精神、思想、方法，积极适应管理方式变革带来的新变化、新要求、新任务。

（5）规模以上项目成立专门档案室。110kV及以上项目的施工项目部必须成立档案室，建立双层PDF电子档案、纸质档案形成、积累、审核机制和相关制度，专门、专人、专项动态管理全过程双版施工档案，确保电子档案质量动态达标。人力不足的施工项目部应当引进省公司统一招标的档案技术服务合格供应商辅助管理、整编，施工单位施工管理部门应当实现统筹管理。

（6）突出电网建设成就累积历史见证。高度重视新材料、新技术、新工艺的推广应用，必须同步形成相应的实物档案作为历史佐证、见证、凭证。变电工程，留取模型、试制等具有特色的实物，移交业主单位归档。线路工程，每个项目必须截取50～100cm导线，作为实物档案移交业主单位，330kV及以上线路工程，由施工项目部移交省公司工程档案馆。

（7）提升施工档案达标治理能力建设。深度治理施工单位、施工项目部长期存在的“重建设、轻档案，重检查、轻档案，重验收、轻档案，重结算、轻档案”通病问题，必须实现施工档案与工程建设过程同步管理、同时管理、闭环管理，电子一线达标、纸质档案二线达标，大幅度提高施工项目部档案资料治理能力。

二、档案专项费用

（1）预算管理。档案专项经费纳入项目预算管理，为施工档案资料管理工作提供满足需要的经费和工作条件。

（2）统筹管理。双版档案的形成、积累、打印、装具、整编、设备购置、数字化、档案级光盘、移动硬盘、专项验收、归档运输等专用经费，必须纳入施工工程总费用实施统一管理。尚未纳入的项目，必须调整补充，留够、留足档案专项经费。

三、办公管理体系

（1）机构配套管理。施工单位办公室主导、施工管理部门配合，及时印发施工项目部成立文件、印章启用文件，并抄送主业项目部、设计单位总代、监理项目部、设备厂家等关联参建方。

（2）规范核准名称使用。成立施工项目部文件中，必须明确要求统一规范使用项目核准名称，不得随意、任意变化项目名称，实现规范化管理，避免审计隐患。

（3）印章管理。施工项目部印章尺寸不得大于单位印章，印章不经启用，系无效违法印章；工程竣工验收后，施工项目部印章应作为实物档案同步归档。

（4）发文管理。施工项目部发文，必须纳入协同办公统一管理，不得体外循环。施工单位办公室主导设计发文模板、设计发文流程、确定发文字号。

（5）移动办公。施工项目部经理、项目总工、技术员、造价员、安全员、质检员、材料员、信息资料员、综合管理员、线路施工协调员等管理人员，必须具有移动办公账号。施工单位办公室必须管理到位、服务到位、支撑到位。

（6）基本办公条件。施工单位必须给施工项目部配备能够满足工作需要的笔记本电脑和国家电网公司规定的正版软件，统一使用国家电网公司集中采购的WPS 办公软件。

四、开工上链规定

（1）基础信息上链。中标施工单位正式开工时，施工项目经理应及时全面、

系统、精准填报施工单位、施工项目部等基础信息，由业主单位同步录入矢量馆平台。

（2）档案放号上链。工程正式开工时，施工项目部经理必须同步索取全宗号、目录代号和施工项目部账号，具备矢量馆平台外网使用条件。

（3）开工交底培训。工程开工时，施工项目部同步举办档案交底培训，明确档案资料各项要求、形成积累、动态上传、动态审核、考核要求。

（4）档案签字付款。转段转序后，双层 PDF、OCR 识别等电子档案必须同步上传矢量馆平台，质量不达标，业主单位档案人员不签字，业主单位不予支付工程款。

（5）同步参加验收。施工项目部信息资料人员必须参加项目建设关键节点会议、检查、验收、开箱，施工项目部各类文件必须同步发送资料人员。

（6）电子版标准化。施工项目部必须按照国标行标相关验收规程、国家电网施工项目部标准化管理手册（变电工程分册、线路工程分册）标准化管理模板要求，每日产生、形成的第一手工程施工资料必须实现规范化、标准化、数字化要求。

五、源头管理规定

（1）电子档案在源头。各类来往文件、材料试验报告、签证记录、施工日志、设计变更、合格证、说明书及其他资料，均产生于源头，紧紧抓住各类源头，电子版资料才有可能达标。

（2）日产生电子版。施工项目部自己产生的一切工程资料（包括签证记录、施工日志等），必须先在电脑上产生电子版初稿，经内部审核流程后，形成定版文档。各类电子文档、电子表格，经 WPS 办公软件输出（或另存为）后，即可得到标准版的双层 PDF 电子档案资料，最后责任人利用二维码管理系统产生二维码，二维码信息包括施工项目部名称、主笔人、审核人、项目总工、项目经理等关键信息。

（3）电子文档排版标准。A4 幅面，遵循国家标准、行业标准等各类技术、验收规程和《国家电网公司标准化管理手册》要求，规程标准无规定的，执行 GB/T 9704—2012《党政机关公文格式》。

（4）电子表格排版标准。居中排布，整齐美观。A4 幅面，表内字体，原则上选用宋体 5 号；表头字体，原则上选用黑体 3 号或小标宋体 3 号。

（5）外委类电子版。外委单位产生的各类试验报告、证明材料等一系列纸质原件工程资料，必须索取相应电子版（要求必须写入相关合同协议）资料。确实无电子版的，则利用省公司 OCR 文字识别双层 PDF 转版系统进行扫描、OCR 识别、合成双层 PDF，并产生相应二维码。因此，从外委方源头上索取电子版，是今后持续努力的方向和电子档案转型的刚性需求。

（6）记录类电子版。施工日志等手工书写记录，原则上形成电子文档，输入记录责任人姓名，利用 WPS 输出为标准的双层 PDF，最后产生二维码，二维码要求同上。

（7）设备材料类电子版。设备材料合格证、说明书等这一类厂家提供的纸质设备档案，必须索取相应电子版（要求必须写入相关合同协议）资料。确实无电子版的，则利用省公司 OCR 文字识别双层 PDF 转版系统进行扫描、OCR 识别、合成双层 PDF，并产生相应二维码（要求同上）。因此，从设备材料方源头上索取电子版，是今后持续努力的方向和电子档案转型的刚性需求。

（8）先电子后纸质。电子档案达标后，最后打印纸质版，签字、盖章后直接归入纸质档案。

（9）淘汰全扫描电子版。扫描仅限于土地证等孤本、册装本的签字盖章页，其他均不得扫描。

所有电子版档案必须来自各类业务源头，增加“谁提供纸质版、向谁索取电子版”的合同附加条款专项约定。

委托第三方检测机构出具的各类报告，必须约定第三方检测机构提供与纸质版内容、数据一致的双层 PDF/OFD 电子版，第三方检测机构在建筑材料试验管理系统（北京天瑞宝华软件，甘肃省通用）利用 PDF 虚拟打印机即可生成双层 PDF 电子文件。由施工项目部负责加盖二维码（二维码信息包括第三方检测机构法人名称、检测人、审核人、CMA 印章信息、报告日期等）后直接上传归档，无需再进行扫描。

其他类型的源头定稿电子版与签字盖章页扫描件（必须 OCR 文字识别）合成一体后，即可得到达标电子版。

坚决杜绝摒弃源头定稿电子版→打印纸质版→签字盖章→全部扫描→扫描电子版（形成大量电子垃圾）→移交归档→废弃源头电子版的传统观念、落后方式，树立合格电子版均来自源头的新理念，推进工程施工数字化转型。

六、深度治理要求

（1）再落实、再落细、再落地“谁施工、谁形成、谁整理、谁上传、谁移交”“源头数据、全程共享”原则要求。

（2）施工项目部应制订《双版档案资料动态管理考核细则》，强化日常管理考核，以档案质量达标促进施工项目部施工规范化管理。

（3）施工项目部深入开展基础档案资料“形成不同步、积累不同步、签字不

同步、整理不同步、归档不同步”的“五不同步”评价考核。

（4）施工项目部深度开展基础档案资料“补记录、补盖章、补资料、代签字”的“三补一代、档案失真”评价考核。

（5）施工项目部深度开展基础档案资料形成不到位、积累不到位、管理不到位的评价考核。

（6）施工项目部深度开展基础档案资料失真、失责、失查评价考核。

（7）施工项目部深度开展基础工作日办日结，事不过日评价考核。

（8）“施工＋档案”创新专业融合，施工单位施工管理部门、档案归口管理部门应当关口前移、管理前置，动态抽查项目施工管理情况、双版档案达标情况，创立精品施工档案。

注：以上施工项目部电子档案资料源头管控规定，业主、设计、施工、监理、厂家、监造等各项目参建方，参照执行。

第四节　文档类报告之图片处理要求

一、文档中图片处理要求

（一）问题描述

电网建设项目工程的可行性研究报告、初步设计报告、竣工报告、施工大纲、监理大纲、安全报告、质量报告、结算报告、监造总结、审计报告、巡查报告、设备说明书等各类文档，插入了很多未经处理的照片、图片，造成一万字左右的报告，存储空间经常达到几十兆（MB），不符合矢量馆平台上传上链标准。

手机拍摄的照片，未经图片处理，随便插入引用，造成质量不达标。

（二）图片尺寸

图片尺寸应是在原图片大小的基础上同等比例缩小，不可拉伸、拖拽影响图片观看效果。

（三）图片处理要求

为了规范矢量馆平台中上传文档存储空间大小的要求，现提出文档中插入的图片必须经过 Photoshop 图片处理制作，各级业主、设计、施工、监理、制造、监造单位应严格按照技术规范要求，确保文档中插入图片的规格和质量达标，电子版报告符合要求。

像素：72dpi。

存储格式：jpg。

存储大小：每张图片控制在 40KB 及以下。

二、文档中图片处理方法、步骤

（一）工具要求

所需软件：Photoshop 软件。

（二）图片处理步骤

（1）打开 Photoshop，选择左上角“文件”－“打开”，选中需要处理的图片，点击“打开”按钮即可（见图 4－1）。

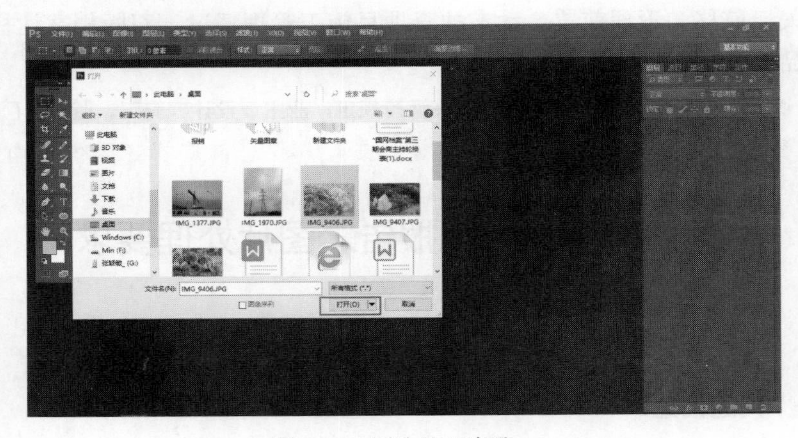

图 4－1　图片处理步骤一

（2）打开图片后，选择“图像”－“图像大小”，勾选上限制长宽比的图标（见图 4－2），分辨率改成 72，宽度高度同比缩小（见图 4－3），然后点击“确定”按钮。

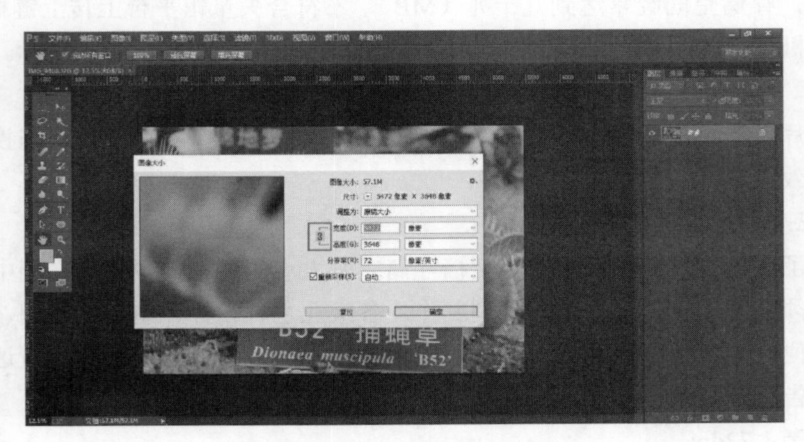

图 4－2　图片处理步骤二

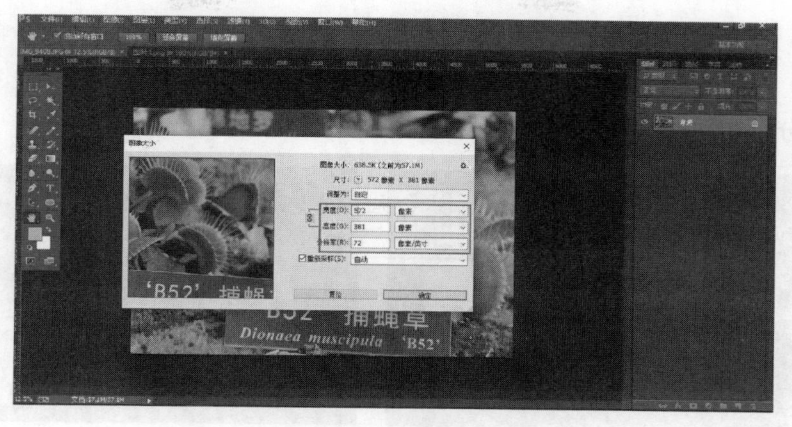

图 4-3 图片处理步骤三

（3）选择［文件］-［存储为 Web 格式］，选择 jpg 格式（见图 4-4），调整图片品质的数值，数值保持在 30 以下即可（见图 4-5），图片大小控制在 40KB 以内。

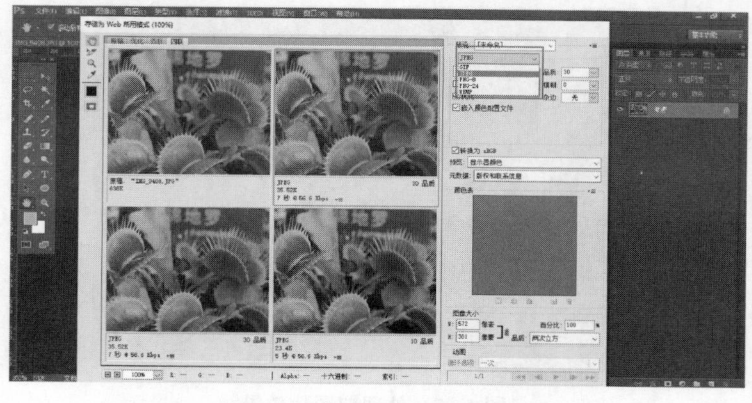

图 4-4 图片处理步骤四

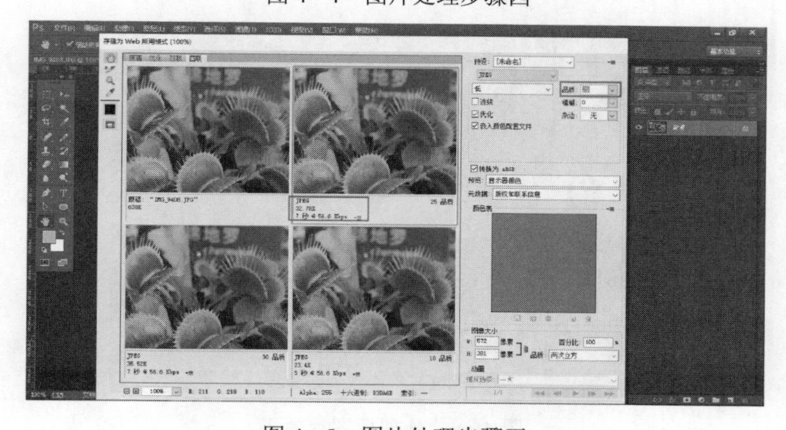

图 4-5 图片处理步骤五

（4）调整后，点击“存储”按钮即可保存。

（5）原图片大小 6.75MB 处理完，变成 19.6KB，见图 4－6。处理前、后的图片效果分别如图 4－7 和图 4－8 所示。

(a)

(b)

图 4－6　图片处理前后大小对比

（a）处理前；（b）处理后

图 4－7　处理前图片效果

图 4－8　处理后图片效果

第五节　工程图纸矢量化输出规定

为提高工程设计图纸、设备图纸精准化、矢量化、数据化管理水平，推动工程图纸上档次、上水平、上质量，特制订《工程图纸矢量化输出规定及二维码编制方法、图片处理要求》，请所有项目合同乙方工程设计单位、设备厂家遵照执行。

一、基本要求

1. 矢量化输出规定

电力工程可研设计、初步设计、施工图设计、竣工图设计等阶段产生的图纸，CAD 系统统一输出为白底黑线（黑白二值）的 DWF 格式矢量图。

2. 二维码编制要求

所有设计单位、设备厂家，统一使用二维码管理系统，在矢量图指定位置、文本类报告指定位置编制二维码。

3. 路径地形图、照片图片处理要求

电力工程的路径图、可行性研究报告、初步设计报告、竣工报告、设备说明书等各类文档，必须引用、插入经过技术处理并达标的扫描地形图、照片、图片，不得直接使用原图。技术处理标准：像素为 72dpi；存储格式为 jpg；存储大小为每张图片控制在 40KB 及以下。

4. 全面使用矢量馆平台

（1）所有设计矢量图、设备矢量图，必须同步挂接上传矢量馆平台。

（2）业主单位组织各参建方在矢量馆平台开展施工图会检、竣工图审核、矢量图结算。

5. 设计字库

所有设计单位应采用 CAD、Windows 自带矢量字库，不得使用互联网下载的盗版字库。

二、实施时间

2021 年 3 月 1 日起，全省全面执行该新规定、新要求。

三、执行范围

（一）产业设计单位

（1）科源集团：甘肃电通设计公司。

（2）兰州公司：兰州倚能设计咨询有限责任公司。

（3）白银公司：白银电力设计（所）有限责任公司。

（4）天水公司：天正设计咨询有限公司。

（5）金昌公司：金昌科茂电力设计咨询有限公司。

（6）酒泉公司：酒泉恒信电力设计咨询有限责任公司。

（7）张掖公司：张掖光明源电力设计咨询有限公司。

（8）武威公司：武威电建实业设计咨询有限公司。

（9）定西公司：定西昌源电力设计咨询有限责任公司。

（10）平凉公司：东方电力公司电力设计咨询公司。

（11）庆阳公司：庆阳弘能电力设计咨询有限公司。

（12）陇南公司：陇电电力设计咨询有限公司。

（13）电科院：兰州陇能电力科技有限公司。

（14）甘南公司：无。

（15）临夏公司：无。

（二）系统外电力工程设计单位

（1）甘肃省电力设计院。

（2）所有合同乙方设计单位。

（三）电力设备厂家

所有合同乙方设备厂家。

四、图纸矢量化输出技术要求

（一）矢量图输出格式

CAD 系统统一输出为 DWF 格式，0 号图存储大小一般小于 150KB。

（二）白底黑线输出

彩色设计图，对比度小，手机端浏览看图反差小、不清晰，因此必须输出成为白底黑线的矢量图。

CAD 系统操作步骤如下：

（1）在画好图纸后，点击 ctrl+P（或者在“文件”中选择打印），打开“打印”对话框，在“打印机/绘图仪”中选择 “DWF6 ePlot.pc3”，如图 4-9 所示。

（2）“打印范围”选择“窗口”，在画布上选择要输出的图纸。

（3）根据需要设置打印选项。

（4）在“打印样式表（画笔指定）”中选择“monochrom.ctb”（只有此操作才能输出黑白图），如图 4-10 所示。

图 4－9 CAD 系统操作步骤一

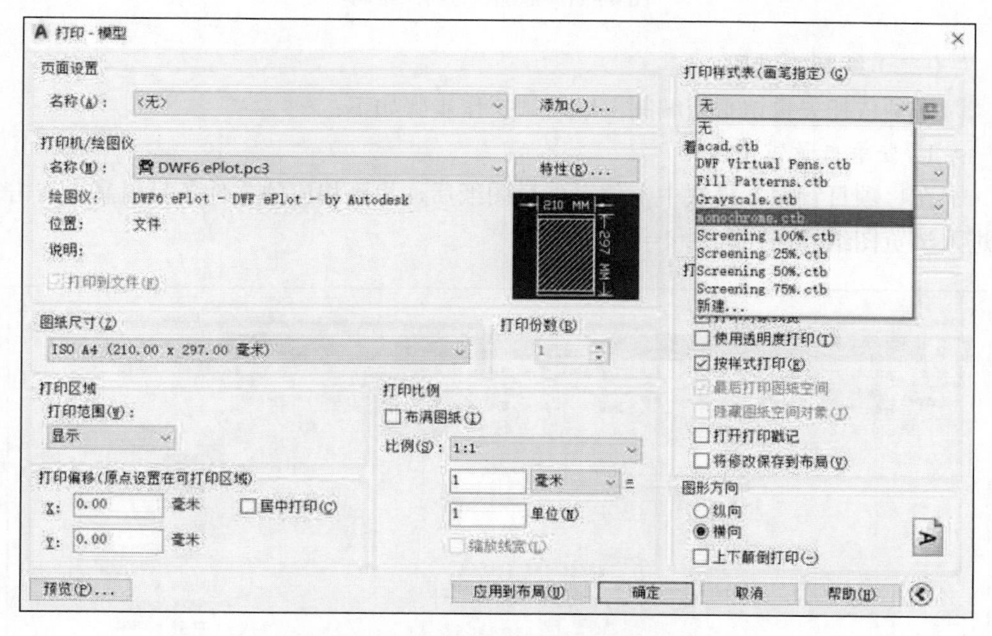

图 4－10 CAD 系统操作步骤二

（5）点击“确定”，输出底色为白色，线条、字体为黑色的 DWF 矢量图纸。

五、矢量图二维码编制技术要求

国网甘肃电力系统所有产业设计单位，统一使用二维码管理系统编制二维码，

为矢量图、可研初设报告加装可认证的电子身份证。不得使用互联网二维码（如腾讯、阿里二维码等）。

（一）添加占位符二维码

在设计图纸的过程中，需要同步确定二维码的定制位置，然后在指定区域内添加占位符“{二维码}”（{ } 必须是英文状态下的{ }），“二维码”三个汉字高度是最终二维码大小（2cm×2cm）的 1/5，即 0.4cm×0.4cm。如图 4－11 所示。

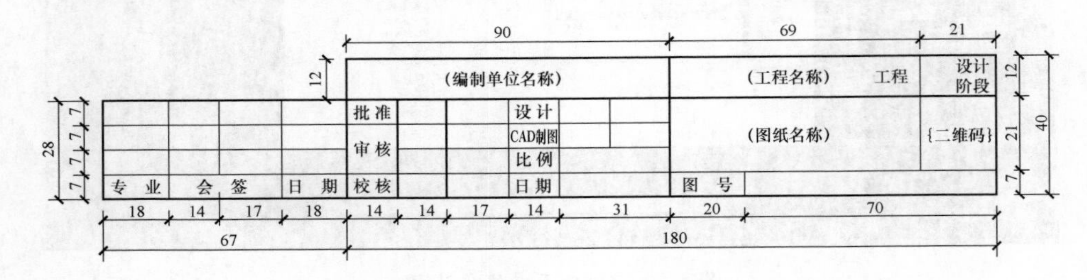

图 4－11 添加占位符二维码

（二）编制二维码

必须依托矢量馆平台编制二维码，操作步骤如下：

1. 登录矢量馆平台

在“项目管理”模块中上传完矢量图纸后，找到相应的文件条目信息，点击进入浏览图纸界面，如图 4－12 所示。

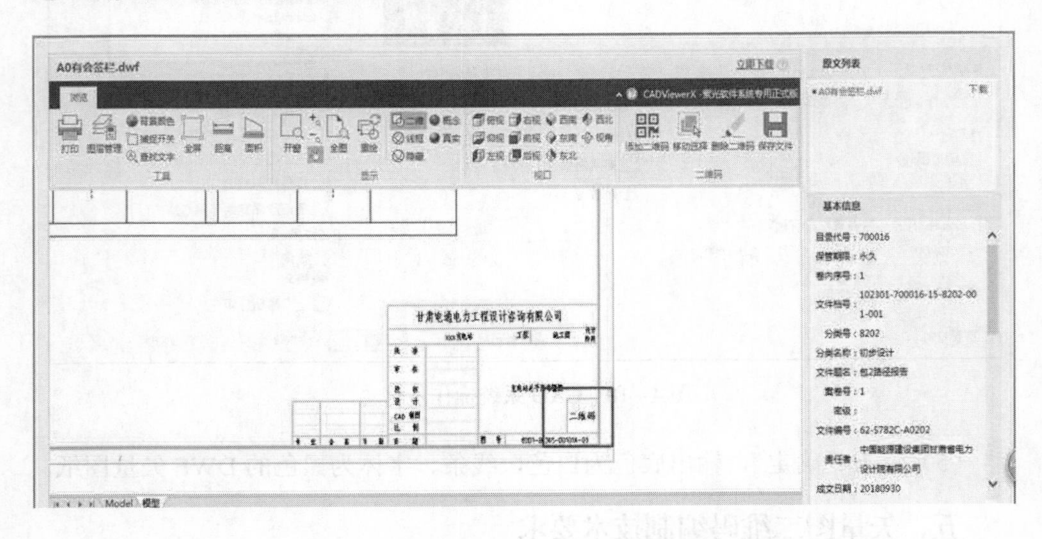

图 4－12 登录矢量馆平台

2. 加盖二维码

点击右上角“添加二维码”按钮，然后把鼠标移动到“图例”，在添加二维码的区域点击鼠标，输入20（输入的值是二维码的宽和高，均为20mm），如图4－13所示。

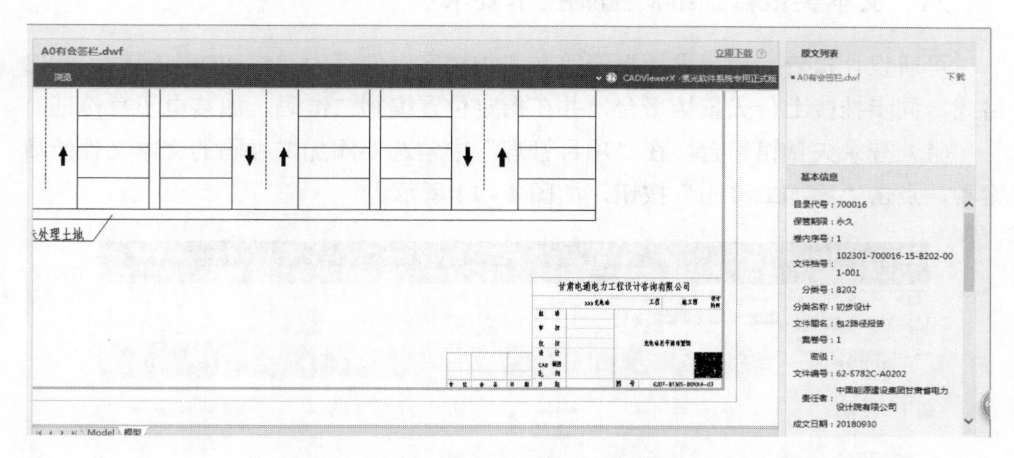

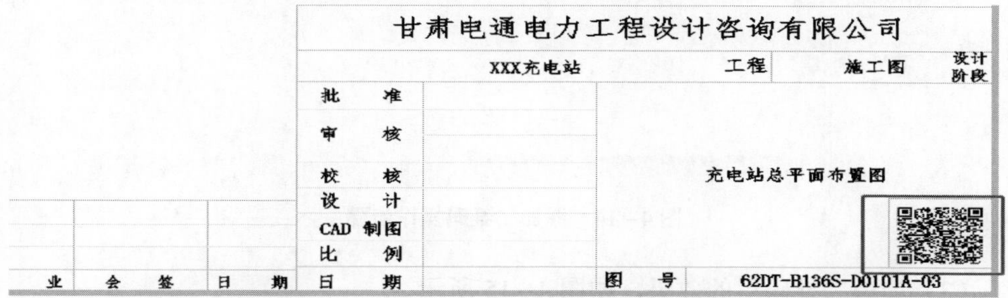

图4－13　加盖二维码

3. 移动二维码

移动：点击“移动选择”按钮，用鼠标左键点击二维码，二维码的左下角会出现一个蓝色的四方块，然后再把鼠标放置在蓝色的四方块上，蓝色的四方块会变成绿色，点击一下鼠标左键，拖动鼠标移动到合适的位置后点击鼠标左键，二维码即放置在合适的位置。

如果添加后的二维码位置不合适，可以删除二维码重新添加或者移动二维码的位置。

删除：点击“删除二维码”按钮，鼠标在二维码的区域点击鼠标左键，即可删除二维码（注意：二维码添加保存后，二维码不能再删除）。

4. 保存文件

二维码加盖完成后，点击“保存文件”按钮，至此，在矢量图中加盖二维码的步骤完毕。

六、文本类报告二维码编制技术要求

可研设计报告、初步设计报告等文本类档案，储存为双层 PDF 或国标 OFD 格式，同步挂接上传矢量馆平台，并在指定位置编制二维码，加装电子身份证。

（1）登录矢量馆平台，在“项目管理”中勾选要添加二维码的文本文件所属案卷，点击“添加二维码”按钮，如图 4－14 所示。

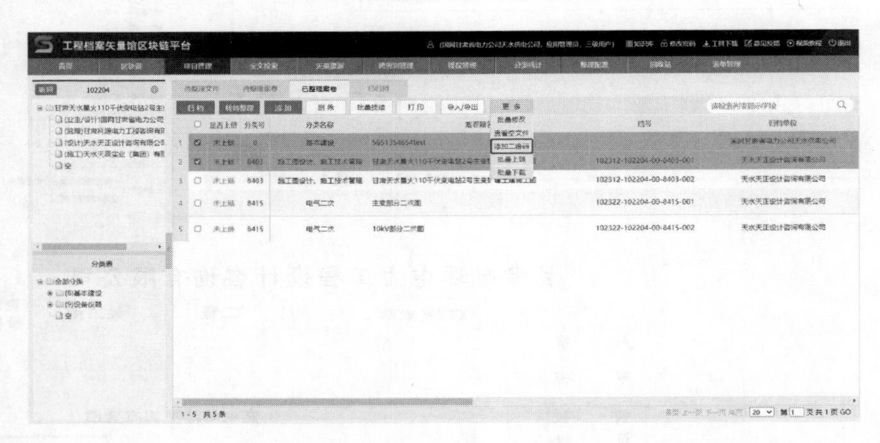

图 4－14　添加二维码操作步骤

（2）加盖二维码后的效果，如图 4－15 所示。

甘肃省国土资源厅

甘国土资规划函〔2017〕181 号

关于明确省内电网建设项目用地预审有关事宜的函

国网甘肃省电力公司：

你单位《关于明确甘肃电网项目用地预审有关事宜的请示》收悉。经我厅研究，现将用地预审有关事宜函告如下：

《甘肃省人民政府办公厅批转省发改委关于加快甘肃电网发展若干意见的通知》（甘政办发〔2009〕86 号）要求：“输电线路塔基占地只作一次性经济补偿，不办理征地手续。”依据《国土资源部建设项目用地预审管理办法》（国土资源部令第 68 号）、《国土资源部关于改进和优化建设项目用地预审和用地审查的

图 4－15　加盖二维码后的效果图

第五章　数字化转型变革期档案要求

几十年来，工程档案实行纸质、电子“双套双轨”管理体制，形成、积累、整编、归档工作量大、程序繁杂。随着信息化时代的到来，电子档案数量越来越多，档案工作面临着从传统载体向矢量化、数据化、数字化管理转型升级的巨大挑战。项目参建单位必须紧紧围绕大局开展档案工作，更新思想观念，创新工作载体，大力推进数字转型改革，运用法制思维和法治方式破解发展难题，实现从双轨向单轨转型转变，让数据多跑路，让群众少跑腿。

第一节　设置单轨过渡期

一、过渡期限

国网甘肃省电力公司依托矢量馆平台，本着合规建档、合法立档原则，规范立项、可研、招标、开工、进度、安全、质量、检查、结算、投产、竣工等全过程档案管理，抓住施工作业层班组、项目部、驻场人员等各类源头，严格落实“谁干活谁形成、谁负责谁审核、谁管理谁担责、谁建档谁达标”原则，建立上下贯通、执行有力、运行顺畅的档案工作新体制机制，形成整体合力，全面完成双轨制向单轨制过渡任务。

过渡期限：3 年。

过渡时间：2021 年 1 月 1 日～2023 年 12 月 31 日。

数字化转型期：3 年。

过渡原则：贯彻区别对待原则，旧项目旧办法，新项目新办法。

旧办法：先纸质档案，后电子档案。

新办法：先电子档案，后纸质档案。

二、过渡期已建在建项目档案达标要求

过渡期旧项目档案实行旧办法。旧项目是指已建、在建项目和已经完成大部分施工任务、2021 年上半年即将投产的项目，旧项目档案分为已形成档案和未形成档案两部分。

1. 旧项目已形成档案

旧项目已形成档案，是指已完工工程形成的以纸质版为主、尚无合格电子版的档案。

旧项目已形成档案使用旧办法，档案达标要求详见本章第二节。

2. 旧项目未形成档案

旧项目未形成档案，是指剩余未完工工程，尚未形成纸质版档案也无电子版档案。

旧项目未形成档案使用新办法，档案达标要求详见本章第三节。

三、过渡期新建项目合规建档要求

过渡期新项目档案实行新办法。新项目是指刚刚开工建设的新建项目，新项目档案管理必须与进度、安全、质量、结算、验收同步，先产生电子档案，后打印纸质档案，达标要求详见本章第四节。

单轨过渡期结束，代表着工程建设一线完成数字化转型，实现历史性变革，具备电子化单轨运行条件，全面进入无纸化施工和电子档案新时代。

第二节　过渡期传统纸质档案整编方法

过渡期内，传统档案主要是指已完工工程形成的大量纸质版档案，无电子版档案。

一、传统纸质档案整编方法

纸质档案是传统档案的主体，必须是正本、原件，打印、书写质量必须达标，数量多、要求高、整编难是其最大特点。纸质版档案的做法是用定稿电子版打印纸质版，履行签字盖章手续，形成正本原件，按照整理规则进行组卷归档。电子版的传统形成方法是将所有纸质档案进行扫描，产生电子版档案，这种方法已经过时、淘汰、不达标，必须按照本章第三节的要求合成电子档案。

二、整理规范

项目档案种类多、实体多、数量多，整理应遵循《国家电网公司关于印发文书档案整理规范等九项档案业务规范的通知》（国家电网办〔2018〕153 号）文件之下列规范。

（1）《国家电网公司电网建设项目档案整理规范》。

（2）《国家电网公司自身基建项目档案整理规范》。

（3）《国家电网公司采购活动档案整理规范》。

（4）《国家电网公司科学技术研究项目档案整理规范》。

（5）《国家电网公司照片档案整理规范》。

（6）《国家电网公司录音录像档案整理规范》。

（7）《国家电网公司实物档案整理规范》。

三、整理原则

（1）项目档案应组卷整理，遵循文件的形成规律，保持案卷内文件材料的有机联系。

（2）项目档案应符合系统性、成套性特点，分类科学，组卷合理，便于保管和利用。

四、分类原则

（1）项目档案应进行科学分类，同一卷宗下的电网建设项目档案应保持分类的一致性和稳定性。

（2）项目档案以项目为单位，对属于归档范围的工程文件进行分类。

五、组卷原则

（1）组卷应遵循文件形成规律和成套性特点，保持文件之间的有机联系。

（2）根据卷内文件的内容和数量组成一卷或多卷，卷内文件内容应相对独立完整。案卷、卷内文件不重复。

（3）案卷厚度宜参照 GB/T 11822《科学技术档案案卷构成的一般要求》对卷盒的规定，按实际情况合理确定。

（4）独立成册、成套的竣工图、设备材料等项目文件，应保持其原貌，不宜拆散重新组卷。

六、组卷方法

（1）项目前期、竣工验收、试运行、评价、项目档案管理卷等管理性文件，应按阶段、问题，结合来源、时间组卷。

（2）竣工图按专业组卷，宜保持设计单位的原卷册形式。设计变更文件应按专业、时间组卷。

（3）施工文件区分单项工程、单位工程或装置、阶段、结构、专业组卷。按照开工报审文件、质量验评文件、施工记录、原材料质量证明文件、试验文件等顺序进行组卷。

（4）监理文件区分专业，结合施工技术管理、工程管理顺序和时间、文种等特征，按照施工技术管理、工程管理、设计监理、水保监理、环保监理、施工监理、工程初检、中间验收文件等组卷。

（5）调试文件，应按阶段、专业组卷。

（6）质量监督文件，应按阶段组卷。

（7）原材料质量证明文件，应按种类及进货时间组卷。

（8）设备材料文件按专业、厂家、台件组卷。

（9）招投标文件按专业、招标项目、标的组卷。

（10）项目维护中形成的文件材料，宜采取插卷方式放入原案卷中；也可单独组卷排列在原案卷之后，并在原案卷的备考表中予以说明和标注。

（11）项目后评估、改扩建或重建所形成的文件材料应单独组卷。

七、项目档案管理卷

项目建设单位应编制项目档案管理卷。

（1）项目档案管理卷一般包括项目概况、档案管理策划方案及工作总结、参建单位归档情况说明、档案收集整理情况说明、交接清册等内容。

（2）项目档案管理卷应编制卷内文件目录。卷内文件材料数量较多时，可分装数盒，形成若干分卷。

八、案卷和卷内文件排列

（1）项目文件宜按系统性、成套性特点进行案卷或卷内文件排列。

（2）案卷内管理性文件按问题，结合时间（阶段）或重要程度排列。

（3）施工文件按照单位工程、分部工程、分项工程、检验批等顺序排列。

（4）竣工图应按卷册顺序排列，卷内文件按图号顺序排列。

（5）设备文件按装箱单、合格证、说明书、图纸等顺序排列。装箱单包含目录的，也可以按装箱单的目录序号排列。

（6）项目档案管理卷文件按问题，结合时间（阶段）或重要程度排列。

（7）卷内文件一般文字在前，图样在后；译文在前，原文在后；正文在前，附件在后；印件在前，定（草）稿在后；复文在前，来文在后。

九、档号编制方法

档号由全宗号、目录代号、标段号（为选填项）、分类号、案卷号组成，各项之间用“－”连接。档号由立档单位按照国家标准规范和国家电网制度要求确定，其构成示意如图 5－1 所示。

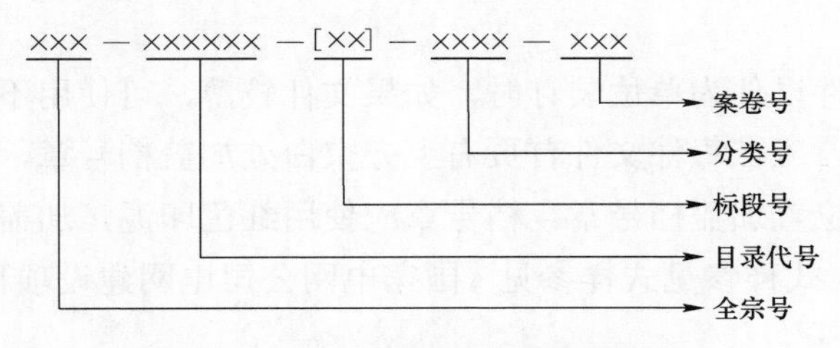

图 5－1 档案编号构成示意

十、卷内文件页号编制

（1）应按装订形式分别编写页号。整卷装订的，以卷为单位连续编写页号，各卷之间不连续编号；按件装订的，以件为单位编写页号，各件之间不连续编号。编写页号以有效内容的页面为一页。

（2）单面文件编页位置为右下角；双面文件编页位置，正面为右下角，背面为左下角。

（3）装订成套图样或印刷成册文件，已有页号的，不必重新编写页号；已有页号且编号连续无误的单件装订文件可不再重新编写页号；竣工图可不编写页号。

（4）案卷封面、卷内目录、卷内备考表不编写页号。

十一、卷内文件件号编制方法

（1）件号即卷内文件的流水号，填写卷内目录或档号章时使用，填写在序号栏。

（2）件号用 3 位阿拉伯数字标识，不足 3 位的以 0 补足，如 001。手工填写档号章的件号时，可从自然数 1 开始编写。

十二、装订方法

（1）案卷内文件可整卷装订或以件为单位装订。文件装订前，应对不符合要求的文件进行修整。归档文件已破损的，按 DA/T 25《档案修裱技术规范》予以修复。字迹模糊或易褪变的，应予复制。

（2）文件装订应牢固、安全、简便，做到文件不损页、不倒页、不压字，装订后文件平整，有利于档案的保护和管理。装订应尽量减少对文件本身影响，原装订方式符合要求的，应维持不变。

（3）用于装订的材料，不能包含或产生损害文件制成材料的物质。不得用回形针、大头针、燕尾夹、热熔胶、办公胶水、装订夹条、塑料封等装订材料进行装订。

（4）卷内文件以件为单位装订时，如果文件较薄，可使用不锈钢订书钉。以件为单位装订的，应在每件文件首页右上方空白处加盖档号章，图纸宜在标题栏附近或正面空白位置加盖档号章。档号章应使用红色印泥，加盖档号章不得压盖原有字迹、线条，式样参见式样参见《国家电网公司电网建设项目档案整理规范》附录图 A.1。

（5）整卷装订或以件为单位装订的文件较厚时，宜使用三孔一线的方式在左侧部位装订，棉线装订结应打在背面，留不多于 10mm 的线头。

（6）超出卷盒幅面的文件应叠装成 A4 幅面，折叠方法见 GB/T 10609.3—2009《技术制图　复制图的折叠方法》。小于 A4 幅面的文件应粘贴在 A4 纸上再进行装订，粘贴材料应符合档案保护要求。

十三、案卷封面编制方法

（1）案卷封面应印制在卷盒正表面，也可采用内封面形式（封面式样见《国家电网公司电网建设项目档案整理规范》附录图 A.2）。

（2）案卷题名：应简明、准确、完整揭示卷内文件的内容。主要包括项目名称（代号）、专业名称、卷内文件内容等；归档外文资料的题名及文件目录应译成中文。案卷题名原则上控制在 50 个汉字以内。

（3）立卷单位：填写负责组卷的部门或单位。

（4）起止日期：应填写案卷内文件形成的最早和最晚的时间，如 20160101～20161010。

（5）保管期限：应填写组卷时依照有关规定划定的保管期限。保管期限分为永久、定期（30 年、10 年），可分别填写为永久、30 年、10 年。卷内文件保管期

限不同的，应填写最长保管期限。参见本书第六章至第十二章。

（6）密级：应填写卷内文件的最高密级。无密级的不填写。

（7）档号：填写方法参见档号编制方法。

十四、案卷脊背编制方法

（1）案卷脊背印制在卷盒侧面（式样见《国家电网公司电网建设项目档案整理规范》附录图 A.3）。

（2）案卷题名、保管期限，方法同上。

（3）案卷脊背项目可根据需要选择填写，保管期限、档号为必填项。采用内封面形式时，保管期限、档号、案卷题名均为必填项。

十五、卷内目录编制方法

（1）卷内目录应排列在卷内文件首页之前（式样见《国家电网公司电网建设项目档案整理规范》附录图 A.4）。

（2）序号：应依次标注卷内文件排列顺序。

（3）文件编号：应填写文件文号或型号或图号或代字、代号等；同类别的检验批质量验收记录、设备合格证等，编号连续的可填写起止编号。

（4）责任者：应填写文件的直接形成单位或个人。有多个责任者时，应选择两个主要责任者，其余用“等”代替。

（5）文件题名：应填写文件原有标题。没有题名或题名不规范的，可自拟标题，外加“[ ]”。

（6）日期：文件的形成时间，以国际标准日期表示法标注年月日，如 20100102。

（7）页数（页号）：按件装订时应填写“页数”，即每件文件的页面总数。整卷装订时应填写页号，即每件文件的起始页号，最后一件文件填写起止页号。

（8）备注：可根据实际填写需注明的情况。

（9）档号：填写方法同上。

十六、卷内备考表编制方法

（1）卷内备考表式样见《国家电网公司电网建设项目档案整理规范》附录图 A.5。

（2）卷内备考表应标明案卷内全部文件总件数、总页数以及在组卷和案卷提供使用过程中需要说明的问题。

（3）立卷人：应由负责整理本卷归档文件的责任者署名。

（4）立卷日期：应填写完成立卷的时间。

（5）检查人：应由负责检查本卷归档文件整理质量的审核者手写签名。设计、施工档案由监理签字，监理档案由业主签字。

（6）检查日期：应填写案卷质量审核的时间。

（7）互见号：应填写反映同一内容不同载体档案的档号，并注明其载体类型。

（8）档号：填写方法同上。

（9）卷内备考表应排列在卷内全部文件之后。

十七、案卷目录编制方法

（1）案卷目录式样见《国家电网公司电网建设项目档案整理规范》附录图 A.6。

（2）序号：应填写登录案卷的流水顺序号。

（3）档号填写方法同上，案卷题名、保管期限填写方法同上。

（4）总页数：应填写案卷内全部文件的页数之和。

（5）备注：可根据管理需要填写案卷的密级、互见号或存放位置等信息。

第三节　过渡期扫描合成电子档案达标方法

一、全扫描

传统电子版档案的形成方法是将所有纸质档案进行扫描，产生电子版档案，也称“全扫描”电子档案。

全扫描是一种过时、落后、淘汰的做法，全扫描电子版档案质量不达标。一是扫描文件大，单页平均占用的存储空间远远大于标准值 40KB，扫描存储超界、上传下载超限、打开浏览超时、共享服务超期，造成电子档案质量不达标；二是扫描图片未经 OCR 文字识别，只能转为单层 PDF 文件，单层 PDF 不能实现全文检索，是典型的电子垃圾，电子档案质量必然不达标。

二、合成电子档案

完成纸质档案整编后，转入合成电子档案阶段。合成电子档案方法为：原生电子文件＋特定页扫描（签字、盖章页）＝合成电子档案。

1. 回溯追溯原生原版电子文件

原生电子文件是指由各专业、业务、作业的源头原生所形成的最终定稿版电子文件，是打印纸质版的源头文件。

业主、设计、施工、监理、制造、监造等各参建方项目部、驻场人员，均以纸质版为依托，寻找各类源头，追溯、回溯原生定稿电子版。

（1）业主单位及业主项目部。业主单位和业主项目部严格按照《国家电网有限公司电网建设项目档案管理办法》（国家电网办〔2018〕1166 号）的归档范围要求，负责回溯、追溯所有与纸质版内容相对应的原生电子文件。

1）文件类。立项核准、合同及招投标、前期、可研、初设、投资计划等甲方往来红头文件应从协同办公系统直接导出 CEB 或 OFD 电子文件，直接上传矢量馆平台。非红头类文件，由业主项目部负责回溯、追溯所有与纸质版内容相对应的原生（双层 PDF/OFD）电子文件。

2）各类证书。政府部门核准、审批等颁发的土地使用证、施工许可证等孤本证件，赔偿补偿由业主项目部负责扫描，必须经过 OCR 文字识别，形成达标电子档案。

3）自身业主档案。业主项目部自身产生的验收结算、项目管理、质量监督、报批表单和其他属于归档范围的资料，从源头回溯、追溯与纸质版内容相一致的原生电子文件，并用 WPS 输出成为双层 PDF 电子文件。

4）设计文件。向中标设计单位回溯、追溯可行性研究全套文件及附图、初步设计全套文件及附图等达标原生电子文件。

5）关联文件。向中标施工、监理单位回溯、追溯属于业主归档的相关原生达标电子文件。

6）联动督导。督导其他孤本电子档案达标工作。业主单位物资履约部门负责向中标设备厂家、物资供应商回溯、追溯所有与纸质版内容相对应的设备、物资类原生电子文件。负责回溯、追溯所有与纸质版内容相对应的原生（双层 PDF/OFD）电子文件。

（2）设计单位及设计项目部。

1）可研、初设。设计单位负责回溯、追溯工程地质勘测报告及附图，水文、气象、地震等设计基础资料，工程地勘报告、水文地勘报告，施工图预算书及评审意见等原生达标文件，每张插图不大于 40KB，并用 WPS 输出成为双层 PDF 电子文件。

2）施工图。全套施工图输出为 DWF 矢量图，由设计单位上传矢量馆平台。

3）设计变更单。设计单位负责回溯、追溯所有设计变更通知单等达标原生电子文件，并用 WPS 输出成为双层 PDF 电子文件。

4）竣工图。全套竣工图输出为 DWF 矢量图，由设计单位上传至矢量馆平台。

（3）施工单位及施工项目部。施工单位和施工项目部严格按照《国家电网有限公司电网建设项目档案管理办法》（国家电网办〔2018〕1166 号）的归档范围要求，负责回溯、追溯所有与纸质版内容相对应的原生电子文件。

1）自身施工档案。施工项目部自身产生的施工文件、开工报审、土建施工、电气设备、土石方基础杆塔分项工程、质量控制资料、机电安装分项工程、试验报告、施工业务表单、报审表、施工日志和其他属于归档范围的施工档案，从源头回溯追溯与纸质版内容相一致的原生电子文件，并用 WPS 输出成为双层 PDF 电子文件。为每一份电子文件加装电子身份二维码，将签字人、印章内容、日期等签证信息录入到二维标识码中。

2）检验批、第三方检测报告。委托第三方检测机构出具的各类检测报告，由施工项目部负责从源头回溯追溯与纸质版内容相一致的原生电子文件，第三方检测机构在建筑材料试验管理系统（北京天瑞宝华软件，甘肃全省通用）利用 PDF 虚拟打印机即可生成双层 PDF 电子文件。为每一份检测报告加装电子身份二维码，将 CMA 印章、检测机构印章、签字审核等签证信息录入到二维标识码中。

3）乙供物资。施工单位物资管理、履约部门负责向中标设备厂家、物资供应商回溯、追溯所有与纸质版内容相对应的设备、物资类原生电子文件。施工项目部负责回溯、追溯所有与纸质版内容相对应的原生（双层 PDF/OFD）电子文件。

（4）监理单位及监理项目部。监理单位及监理项目部负责回溯、追溯施工技术管理、验收、项目管理、监理文件等原生达标电子文件，每张插图不大于 40KB，并用 WPS 输出成为双层 PDF 电子文件。

（5）制造及物资单位。甲供物资履约单位称物资部负责回溯、追溯厂家设备资料、材料出厂文件等所有与纸质版内容相对应的原生（双层 PDF/OFD）电子文件，每张插图不大于 40KB。

（6）监造单位。中标监造单位负责回溯、追溯设备监造文件等所有与纸质版内容相对应的原生（双层 PDF/OFD）电子文件，每张插图不大于 40KB。

2. *扫描特定页*

所有项目参建单位完成原生原版电子文件回溯追溯工作、形成双层 PDF/OFD 文件后，为电子文件达标工作奠定了坚实基础，并完成了 90%的达标任务。下一步，转入扫描特定页阶段。

扫描特定页，是指对土地证等类孤本档案、签字盖章页进行特定扫描，并进行 OCR 文字识别/AI 手写体识别，转换为双层 PDF/OFD 电子文件的过程。

除扫描特定页外，对其他纸质档案均不得进行扫描，必须回溯追溯原生原版电子文件。

扫描特定页，即完成了 10%的达标任务。

扫描图像OCR文字识别操作技巧方法详见本章第五节。

3. 合成在达标电子档案

分别完成回溯追溯原生原版电子文件、特定页扫描后，转入最后合成阶段。即：

原生电子文件+特定页扫描（签字、盖章页）=合成电子档案。

90%原生原版电子文件+10%特定页扫描 OCR 识别电子文件=100%合成双层 PDF/OFD 电子档案，全面实现电子文件质量达标目标。

双层 PDF 编辑合成操作技巧方法详见本章第六节。

三、标注电子身份二维码

二维码是用某种特定的几何图形按一定规律在平面分布的黑白相间的图形记录数据信息的二维条码。

二维码管理系统已经与矢量馆平台高度集成，方便随时调用并编制二维码。

电子文件在内容、格式、相关说明及描述上与纸质项目档案保持一致，且二者应建立关联。纸质签名、盖章信息应全部录入到电子文件二维码中保存，并进行区块链技术存证。

所有卷（册）、件（份）电子文件的二维码，应统一标注在首页右上角。

第四节　新项目档案数字化转型要求

新项目是指刚刚开工建设的新建项目，新项目档案管理必须与立项、可研、初设、开工、进度、安全、质量、结算、验收同步。新项目档案实行新办法，即先电子档案、后纸质档案。

一、数字化转型总体要求

国家电网数字化转型发展战略纲要指出，数字化转型是推动构建以新能源为主体的新型电力系统、服务碳达峰碳中和目标的迫切需要；数字化转型是顺应数字经济发展、服务新发展格局的迫切需要；数字化转型是推进公司战略目标落地、实现高质量发展的迫切需要。所有电网业务必须实施全生命周期数字化转型，全力开展数字国网建设。

当前，在项目建设领域，数字化转型才刚刚开始，任重而道远。所有参建单位各级领导、部门负责人、项目经理和专业技术人员必须深入开展认识转型、思想转型、管理转型、专业转型、流程转型、作业层班组转型，把数字化转型当作当前最重要的工作抓紧抓好，力争用 2 年的时间，全面完成数字化转型变革，实现扫描替代，建立工程档案数字化生态。

二、建管单位数字化转型要求

建管单位是项目建设领域数字化转型变革的引领者、管理者、推动者，负有重大责任、主体责任、管理责任。数字化转型非一个部门之力所能完成的任务，项目管理部门必须与物资、财务、档案、审计等相关业务部门主动协同、配合联动，闭环管理，才能实现全面数字化转型变革。

建设部门、业主项目部必须加快数字化认识转型、思想转型、管理转型步伐，率先实现自我转型，引领所有参建单位开展先电子、后纸质转型，指导所有参建单位全面使用矢量馆平台，把“每日必须形成电子业务表单、每日必须线上流程审核签字”纳入日常项目管理和同步考核之中。

业主项目部对监理档案案卷备考表进行审校签字。

物资合同履约部门必须尽快完成认识转型、思想转型、履约转型等数字化转型变革任务目标，指导中标厂家必须提供与出厂纸质版内容相对应的设备、物资类原生（双层 PDF/OFD）电子文件，引导厂家自行上传至矢量馆平台，为每份电子档案编制加装二维码。

财务部门是工程结算款出口审核、竣工决算部门，电子档案质量不达标，档案部门未审核签字，财务部门只能按规定挂账走完审核流程，暂缓支付工程结算款，直到电子档案会上传至矢量馆平台，质量达标再行付款。

档案部门要摒弃档案管理旧观念，建立矢量化、数据化新理念，必须加强新知识、新技术、新业务学习，率先完成项目工程档案先电子、后纸质转变和认识转型、思想转型、数字化转型变革，关口前移，管理前置，指导项目管理部门加强工程档案源头原生电子文件达标管理，实现转型协同、联动协同、管理协同。

三、设计单位数字化转型要求

设计单位是设计专业领域数字化转型的先导者、示范者，依据甲方要求，率先垂范先电子、后纸质要求，完成数字化转型变革。

（1）原生电子设计文件源头质量达标。工程地质勘测报告及附图，水文、气象、地震等设计基础资料，工程地勘报告、水文地勘报告，施工图预算书及评审意见，设计文件、设计变更单等原生达标文件，必须在矢量馆平台上审核签字并盖章，并转版为双层 PDF/OFD 电子文件，在指定位置加盖二维码。

（2）矢量图编制标识二维码。设计单位设计的施工图、竣工图必须经过矢量

化输出为 DWF 格式，归集上传矢量馆平台，并在指定每张图的指定位置编制二维码。矢量化输出原则上为白底黑线（字），增加对比度。0 号矢量图原则上在 150KB 左右，即矢量图必须是 KB 级不得是 MB 级，MB 级比 KB 级约大 1000 倍，MB 级肯定不达标。

（3）路径底图扫描质量达标。为设计线路路径图，设计单位在当地测绘部门赎买的纸质地形图，经过扫描后获得电子图，不经过技术处理不得直接在扫描电子图上绘制路径，必须经过技术处理（参见第四章第四节）质量达标后才能在其上设计路径。原则上扫描地形电子图应小于 200KB，即必须是 KB 级不得是 MB 级，MB 级肯定不达标。

（4）报告插图质量必须达标。设计单位形成出具的各类文档、报告，其中每张插图必须经过技术处理并不大于 40KB（参见第四章第四节），视字数和图片个数多少，单个双层 PDF/OFD 电子文件大小应为 100KB～5MB，否则整体质量不达标。

四、施工单位数字化转型要求

施工单位是数字化转型数量最多、任务最重、困难最大的参建单位，作业层班组（分包队伍）素质差、水平低是存在的主要问题，“干活的人不形成记录、资料员事后补做记录”是主要原因。

施工单位必须突破传统短板瓶颈，进一步加强合规体系建设，实施数字化转型变革，立足创新发展，合规要求、合规管理、合规经营，提升风险管控和应对能力，建立施工单位合规建档边界和数字化生态。否则，在信息化新时代不可能实现可持续发展、变革式发展、滚动式发展。

（1）积极践行数字化转型。数字化转型是施工企业发展的基础性、先导性、控制性要素，是电网建设领域发展的重要支撑。因此，所有施工企业、职能部门、分公司、施工项目部、分包商都要自上而下开展数字化认识转型、思想转型、管理转型、施工转型、流程转型、作业层班组转型，以转型求发展、求提升、求壮大，适应新形势、新任务、新要求。

（2）改变传统观念和做法。坚决改变施工单位和施工项目部长期以来形成的以纸质档案为主体的旧观念、旧传统、旧方法，必须实行数字化变革，以矢量馆系统为平台，全面推广应用电子业务表单，督促分包商干一天活、形成一天的电子档案，改变传统观念旧做法，建立数字化新理念新方法。

（3）以电子施工档案为主。施工项目部必须全面推广应用矢量馆平台，开工、报审、进度、安全、质量、结算、验收等过程，应从源头填写线上业务表单，并进行线上流程审核和签字盖章，产生原生电子施工文件，形成全过程电子档案，实施 CA/区块链技术双存证，质量全面达标。委托第三方机构出具的检测报告，必须索取双层 PDF/OFD 电子版。施工项目部、作业层班组是施工一线产生原生电子文件的责任主体，是推动实现施工现场一线无纸化施工、数字化施工的主力军。

结论：数字化转型是施工企业发展的必由之路。施工单位要从上到下高度重视，全面深化数字转型变革，落地执行合规建档规定，以原生电子版（打印纸质版的电子版）为抓手，依托矢量馆平台，抓电子表单合规、抓审核签字合规、抓用印盖章合规、抓电子档案合规，以合规建档、合法立档助力实现无纸化施工、扫描替代和企业数字化转型。

（4）以纸质施工档案为辅。以电子档案为主、纸质档案为辅，按需打印纸质版档案。一般情况下，在矢量馆平台形成、管理、查阅电子版档案，不打印纸质档案。仅在特殊需求下，利用彩色激光打印机打印电子档案所对应的纸质档案，所见即所得，即是正本也是原件纸质档案，电子、纸质档案均具有同等法律效力。

五、监理单位数字化转型要求

监理单位和监理项目部是监理工作、监理业务、监理档案数字化转型的执行者、推动者，监理单位必须实行数字化转型变革，以适应新形势、新任务、新变革。

监理单位不仅要实现施工技术管理、验收、项目管理、监理文件等自身原生达标电子文件数字化建档，也要监理设计、施工、制造、监造等单位全面实现动态原生电子档案矢量化、数据化、同步化、一体化达标。

监理项目部要紧紧依托矢量馆平台，对施工项目部、设计单位产生的各类业务表单、报审表单等进行全过程、全流程、全业务线上审核签字盖章，实现认证、验证、存证。

监理档案以电子为主、纸质为辅，全面实施扫描替代，推进实现无纸化监理。

监理项目部应按需打印纸质版档案。一般情况下，在矢量馆平台形成、管理、查阅电子版档案，不打印纸质档案。仅在特殊需求下，利用彩色激光打印机打印电子档案所对应的纸质档案，所见即所得，即是正本也是原件纸质档案，电子、纸质档案均具有同等法律效力。

注意：监理项目部应对设计、施工档案案卷备考表进行线上审核签字，业主项目部应对监理档案案卷备考表进行审校签字。

六、制造单位数字化转型要求

所有中标设备制造厂家、物资供应厂家，无论规模大小、实力强弱、距离远

近，均必须转变传统观念，高度重视制造领域数字化转型，厂家设备资料、材料出厂文件不得扫描，必须实现源头原生数字化，格式达标 DWF 矢量图/双层 PDF/OFD 标准，文本平均单页大小不大于 40KB，由设备厂家负责同步上传归集矢量馆平台。

各级单位对设备质量最具有发言权，是运行者、见证者、评价者。设备厂家与甲方是利益攸关方，中标设备厂家信用应同步上链国网甘肃电力区块链进行合规信息和资质认证、验证，实现信用信息归集共享。

依托矢量馆平台，由施工项目部负责设备资料、电气安装调试表单线上单核签字盖章，线上整编、线上组卷、线上归档、线上验收。

七、监造单位数字化转型要求

所有中标第三方监造单位必须开展数字化转型，高度重视设备监造规划、监造实施细则及报审，监造见证表，会议纪要，监理通知单、工作联系单及回复，监造周报、及时报，监造工作总结等监造档案从源头实现原生数字化，不得扫描，格式达标双层 PDF/OFD 标准，文本平均单页大小不大于 40KB，单张照片插图大小不大于 40KB，由监造单位负责同步上传矢量馆平台。监造合同签订单位、设备运行运行同步开展线上审核、检查、验收。

第五节　扫描图像 OCR 文字识别操作技巧

一、OCR 的定义

光学字符识别（Optical Character Recognition，OCR）是通过扫描等光学输入方式（如扫描、拍照等）将各种票据、报刊、书籍、文稿、文件及其他印刷品的文字转化为图像信息，再利用文字识别技术将图像信息转化为可以使用的计算机输入技术。

OCR 技术是全文检索的基础。任何扫描图片若不经过 OCR 识别，就不能实现全文检索。单层 PDF 或图片是典型的电子垃圾。

二、内网 OCR 系统操作技巧

（一）下载安装

内网 OCR 系统，在矢量馆平台首页，点击“工具下载”，选择 OCR－TO－PDF.exe 下载至本地。

右键单击以“管理员”方式运行，选择相应的安装目录，一直点击“下一步”按钮，直至安装完成。

（二）扫描设置

（1）点击扫描设置，选择相应的扫描仪（支持任何类型扫描仪），点击确定。

（2）点击“文件类型”，选择双层 PDF 文件。

（3）点击“文件默认路径”，选择相应的文件夹将扫描后的双层 PDF 文件保存到指定文件夹。网盘地址、网盘用户、网盘目录自动带出，点击“确定”，完成扫描基本设置，如图 5–2 所示。

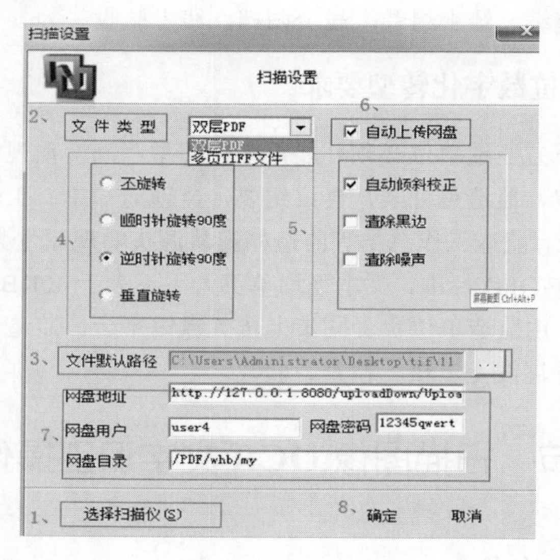

图 5–2　扫描设置

（三）图像处理

放大：点击界面上的放大镜按钮“ ”。

缩小：点击界面上的缩小按钮“ ”。

去除空白页：选中空白页，点击删除按钮“ ”，删除当前空白页。

旋转图像：点击界面上的旋转按钮“ ”，对图像进行旋转合适的倾斜度。

图像处理如图 5–3 所示。

（四）扫描文本（文件）

选择驱动设置，设置单面、双面扫描，连接扫描仪，点击客户端中的图像扫描按钮“ 图像扫描 ”，对文本进行扫描。如图 5–4 所示。

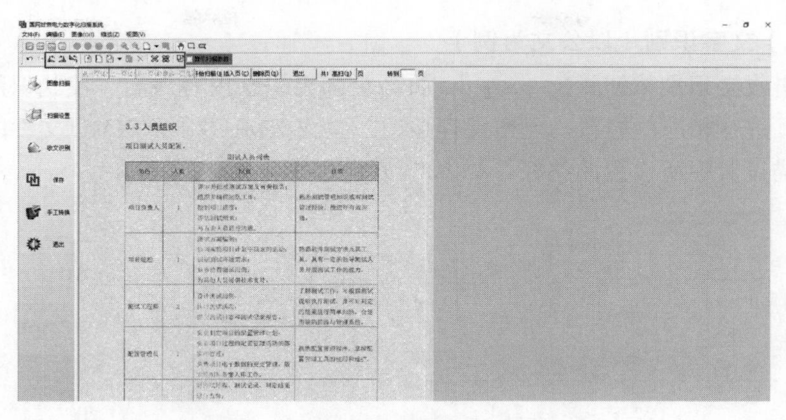

图 5－3 图像处理

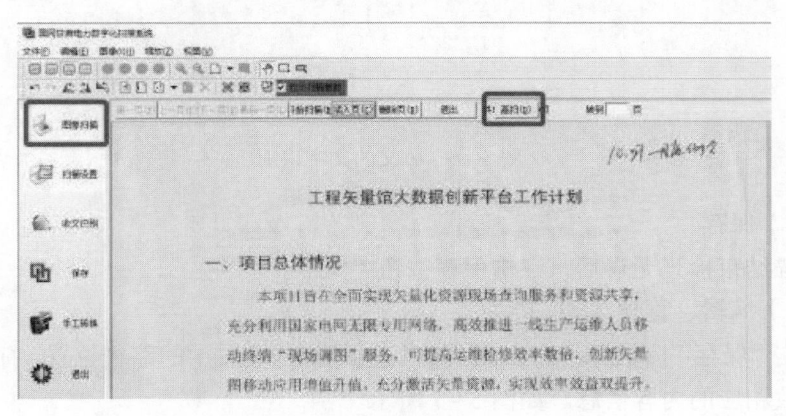

图 5－4 扫描文本（文件）

（五）手工转换

选择 tif 图片、单层 PDF 等文件，点击界面上的手工转换按钮“手工转换”即可完成双层 PDF 转换。如图 5－5 所示。

注意：转成的双层的 PDF 文件和选择的图片、tif、单层 PDF 文件在同一级目录下。

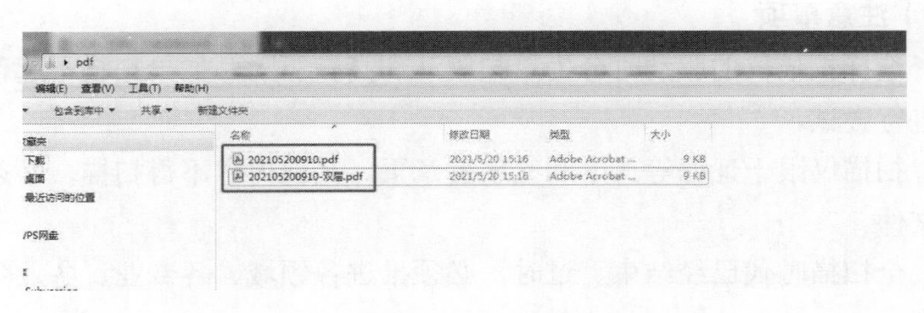

图 5－5 手工转换

（六）文字识别（以公文为例）

点击收文识别按钮“ 收文识别 ”，页面会弹出识别内容界面，校验识别内容是否准确，进行相应的修改，点击保存按钮，生成 XML 文件。XML 文件的存储路径是扫描设置中所设置的路径。如图 5－6 所示。

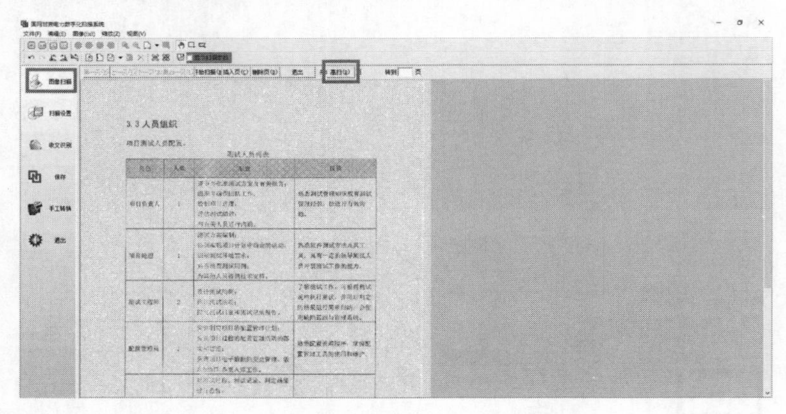

图 5－6　公文的文字识别

（七）保存

扫描结束检查无误后，点击保存按钮“ 保存 ”

（八）编辑、管理 XML 文件

点击“保存”按钮后，XML 的保存位置是扫描设置中的路径位置，打开 XML 文件修改相应的内容信息。如图 5－7 所示。

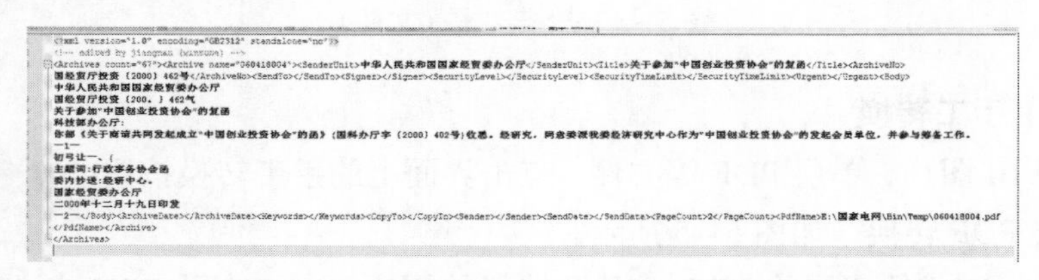


```
<?xml version="1.0" encoding="GB2312" standalone="no"?>
<!-- edited by jiangnan (wanxue) -->
<Archives count="67"><Archive name="060418004"><SenderUnit>中华人民共和国国家经贸委办公厅</SenderUnit><Title>关于参加"中国创业投资协会"的复函</Title><ArchiveNo>
国经贸厅投资〔2000〕462号</ArchiveNo><SendTo></SendTo><Signer></Signer><SecurityLevel></SecurityLevel><SecurityTimeLimit></SecurityTimeLimit><Urgent></Urgent><Body>
中华人民共和国国家经贸委办公厅
国经贸厅投资〔200.〕462气
关于参加"中国创业投资协会"的复函
科技部办公厅:
你部《关于商请共同发起成立"中国创业投资协会"的函》(国科办厅字〔2000〕402号)收悉。经研究，同意委派我委经济研究中心作为"中国创业投资协会"的发起会员单位，并参与筹备工作。
—1—
切号让一、{
主题词:行政事务协会函
委内抄送:经研中心。
国家经贸委办公厅
二000年十二月十九日印发
—2—</Body><ArchiveDate></ArchiveDate><Keywords></Keywords><CopyTo></CopyTo><Sender></Sender><SendDate></SendDate><PageCount>2</PageCount><PdfName>E:\国家电网\Bin\Temp\060418004.pdf
</PdfName></Archive>
</Archives>
```


图 5－7　编辑、管理 XML 文件

（九）注意事项

（1）选择扫描仪的驱动时分为单扫驱动和高扫驱动，如果扫描不起作用，切换驱动进行尝试。

（2）扫描仅限于证件等孤本和签字盖章页。其他内容不得扫描，必须追溯原生电子文件。

（3）全扫描时代已经结束、过时，必须推进各领域、各专业、各业务源头数字化转型。

第六节　双层 PDF 合成拆分编辑技巧

一、PDF 文件的定义

可携带文档格式（Portable Document Format，PDF）是由 Adobe Systems 用于与应用程序、操作系统、硬件无关的方式进行文件交换所发展出的文件格式。PDF 文件以 PostScript 语言图像模型为基础，无论在哪种打印机上都可保证精确的颜色和准确的打印效果，即 PDF 会忠实地再现原稿的每一个字符、颜色以及图像。

可移植文档格式是一种电子文件格式。这种文件格式与操作系统平台无关，也就是说，PDF 在 Windows、Unix 和苹果公司的 Mac OS 操作系统中皆通用。这一特点使它成为在 Internet 上进行电子文档发行和数字化信息传播的理想文档格式。越来越多的电子图书、产品说明、公司文告、网络资料、电子邮件开始使用 PDF 格式文件。

二、单层 PDF 与双层 PDF 的区别

（1）单层 PDF 相当于栅格化位图图片，不能复制其中内容文字，更不能实现全文检索，是电子化低级形式。

（2）双层 PDF 是在单层 PDF 图片之上，又叠加了一层文字，从版式看与原版无异，可复制其中内容文字，可实现全文定位检索，是数字化高级形式。

（3）能够快速选择、复制、粘贴其中文字的 PDF 文件，称为双层 PDF 文件。反之，称为单层 PDF 文件。双层 PDF 文件可实现全文检索，单层 PDF 文件不能实现全文检索。所有文本类电子档案质量达标的指标之一，即必须是双层 PDF 或 OFD 文件。

（4）WPS 办公套件是国家电网公司集中采购的正版国产化软件，具有输出双层 PDF 标准格式文件的强大功能。无论使用 WPS 办公套件编辑的文档（WPS 或 DOC 格式）和电子表格（ET 或 XLS 格式），还是利用微软公司 WORD、EXCEL 编辑的 DOC 文档和 XLS 电子表格，均可使用 WPS 办公套件打开，再输出为双层 PDF 格式即可得到标准的双层 PDF 文件。

三、PDF 编辑软件下载

在矢量馆平台首页，点击“工具下载”，选择 Acrobat Pro DC 下载至本地。

Acrobat Pro DC 是一款 PDF 阅读编辑工具，具有对 PDF 文件进行合成、拆分、编辑等功能。用户可以轻易地在 WPS、PDF、doc、xls 等格式间转换。它集中了多种智能工具，为您提供更强大的沟通功能，使用简便，体验顺畅，是文本处理

的最佳帮手。

四、PDF 编辑软件安装

在任意盘中新建一个文件夹 Acrobat，将安装包放入相应的文件中，在 root 文件中找到 Setup.exe 安装包，单击右键选择“以管理员方式运行”，点击“安装”即可完成安装。

五、单个 PDF 文件页插入、页删除、页替换编辑技巧

1. 单个双层 PDF 文件“页插入”操作

打开需要插入的双层 PDF 文件，点击左上角“工具”，进入组织页面，如图 5–8 所示。鼠标右键单击“插入页面”，找到需要插入文件，如图 5–9 所示。选择插入位置以及页数，插入到第一个文档之前或者之后，点击“确定”，完成插入单个页面，如图 5–10 所示。

图 5–8　PDF 文件编辑之组织页面

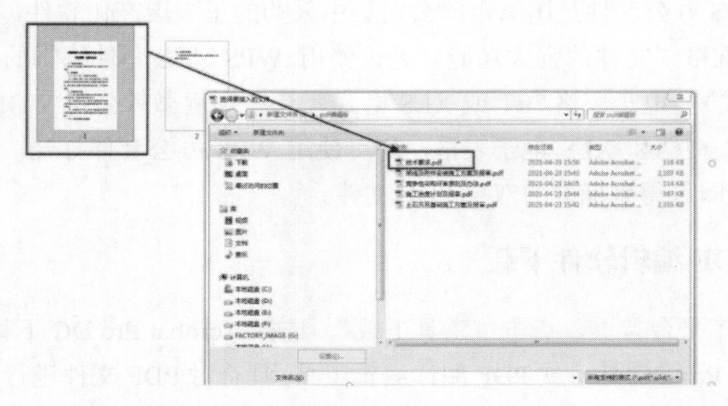

图 5–9　PDF 文件编辑之页插入操作

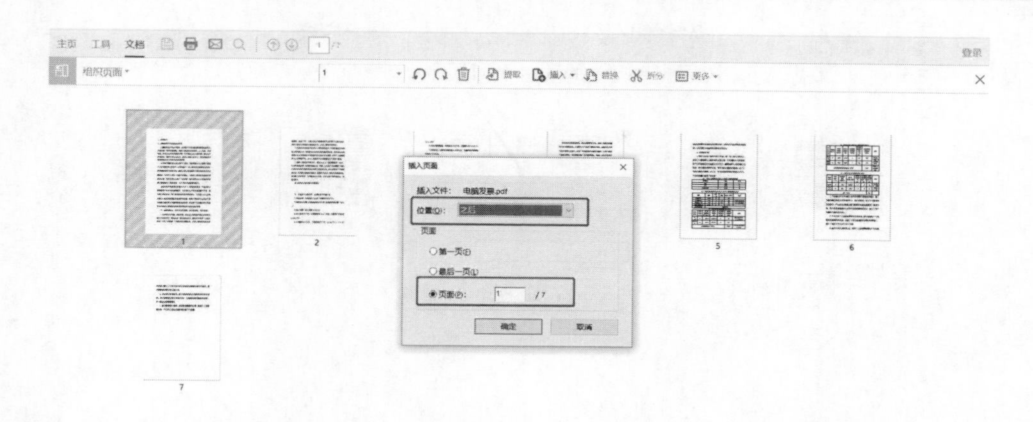

图 5－10　PDF 文件编辑之插入位置、页数

2. 单个双层 PDF 文件“页删除”操作

打开需要删除页面的双层 PDF 文件，点击左上角“工具”，进入组织页面。鼠标选中指定页面右键单击“删除页面”，点击“确定”，完成删除页面，如图 5－11 所示。

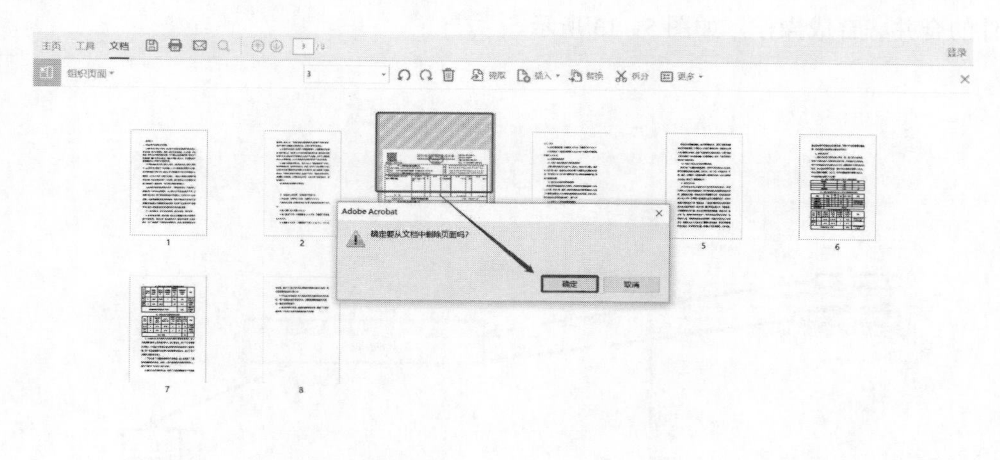

图 5－11　PDF 文件编辑之页删除操作

3. 单个双层 PDF 文件“页替换”操作

打开需要替换的双层 PDF 文件，点击左上角“工具”，进入组织页面。鼠标右键单击“替换页面”，找到需要替换文件，界面显示原始文件和替换文件，选择替换页面页数，点击“确定”，完成页面替换，如图 5－12 所示。

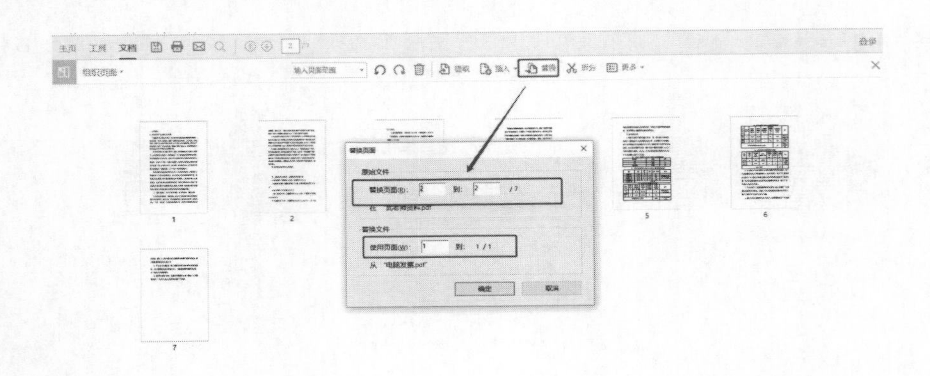

图 5－12　PDF 文件编辑之页替换操作

六、两个及以上 PDF 文件合成技巧

打开需要合成的双层 PDF 文件，点击左上角“工具”，进入合并文件界面。将需要合并的一个或者多个文件通过下拉菜单或者将文件拖放到图示指定处来添加文件，按所需顺序调整、排列文件。点击“合并文件”，即可完成双层 PDF 文件的合并、合成操作，如图 5－13 所示。

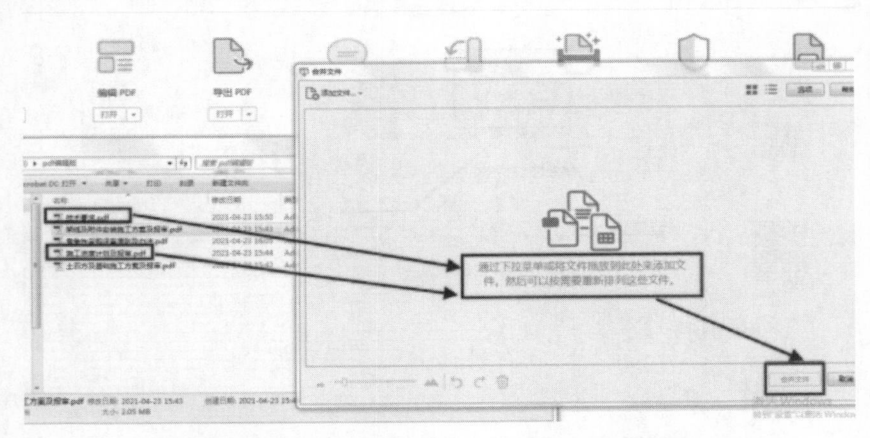

图 5－13　两个 PDF 文件合成一个 PDF 文件操作

七、大 PDF 文件拆分多个小 PDF 文件技巧

打开需要拆分的双层 PDF 文件，点击左上角“工具”，进入组织页面。鼠标右键单击点击“提取页面”，选择将页面提取为单独文件，可根据实际需求可以从

一个文件提取多个单独文件，点击"提取"，将提取完文件进行保存，即可实现大PDF文件拆分成多个小PDF文件操作，如图5-14所示。

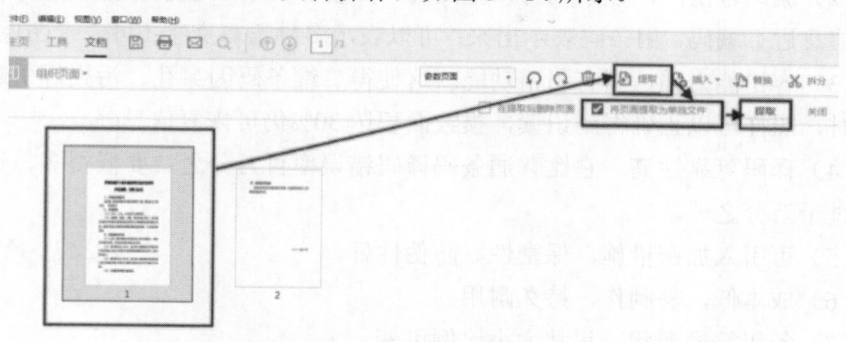

图5-14　一个PDF文件拆分成多个PDF文件操作

八、双层PDF文件实现平均单页大小不大于40KB

（1）选择需要判断大小的双层PDF文件，单击鼠标右键，点击属性，即可查看双层PDF文件大小。打开双层PDF文件，浏览统计其总页数，根据文件大小÷页数=单页大小，即可判断出双层PDF文件平均单页的大小。

（2）回溯、追溯、上溯原生电子文件（即打印纸质版的定稿电子版文件），用WPS输出为双层PDF文件；纸质档案只能扫描签字盖章页；对原生电子文件中没有签字盖章页进行"页替换"合成，即可实现平均单页大小不大于40KB的达标目标。

全面杜绝全扫描形成的电子档案，全扫描电子文件肯定不达标。

第七节　二维码编制规范

一、二维码的定义

二维码又称二维条码，常见的二维码为QR Code，QR全称Quick Response，是一个近几年来移动设备上超流行的一种编码方式，它比传统的Bar Code条形码能存更多的信息，也能表示更多的数据类型。二维码是在两个维度上面的条码，它是将特定的几何图形按照算法在二维平面上生成黑白相间的图形，包含特定的信息。

二、二维码的特点

（1）高密度编码，信息容量大。可容纳多达1850个大写字母，或2710个数字或1108个字节，或500多个汉字，比普通条码信息容量高约几十倍。

（2）编码范围广。该条码可以把图片、声音、文字、签字、指纹等可以数字化的信息进行编码，用条码表示出来；可以表示多种语言文字；可表示图像数据。

（3）容错能力强，具有纠错功能。这使得二维条码因穿孔、污损等引起局部损坏时，照样可以正确得到识读，损毁面积达30%仍可恢复信息。

（4）译码可靠性高。它比普通条码译码错误率百万分之二要低得多，误码率不超过千万分之一。

（5）可引入加密措施。保密性、防伪性好。

（6）成本低，易制作，持久耐用。

（7）条码符号形状、尺寸大小比例可变。

（8）二维条码可以使用激光或CCD阅读器识读。

三、二维码管理系统介绍及内网、外网访问

国网甘肃省电力公司建立了独立的内、外网二维码系统，并与矢量馆平台高度集成。

二维码系统作为一个微应用系统，为各个业务系统的档案实体建立二维码身份信息数据库，生成和管理正文、附件（独立装订）、文字材料、图纸、各档案盒（卷）的二维码，二维码具备唯一性，且包含该档案实体的必要信息，如设计院、现场设计代表、审核人、校准人、监理单位、项目总工、施工单位等信息。

通过二维码实现图纸全生命周期的管理，允许参与建设与管理的各个单位的用户在各个节点通过二维码管理相关节点信息，使图纸在各个阶段流转的情况能实时反馈到矢量馆平台，便于工程矢量馆高效地追踪与管理每一份档案。

外网：http://172.25.73.14:17001/qr

内网：http://qrms.gs.sgcc.com.cn:17001/qr

四、二维码内网、外网使用要求

内网、外网环境下，在文本文件、图纸文件上添加二维码的方式分为矢量馆平台、离线工作两种状态。

（一）矢量馆平台

1. 文本文件

文本文件，在上传矢量平台时系统自动加盖二维码。

2. 矢量图文件

矢量图纸文件，在矢量平台浏览界面，点击“添加二维码”按钮进行添加。

参见图 5－15 中线框标示部分。

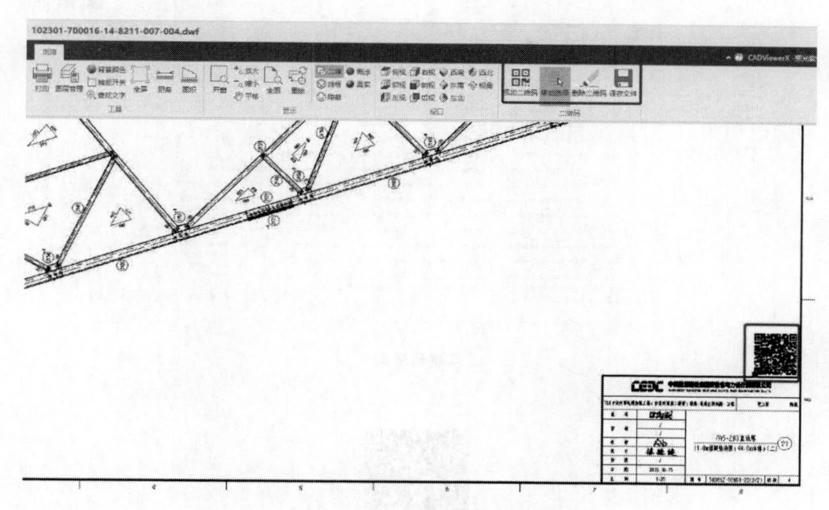

图 5－15　矢量图文件

（二）互联网应用

互联网应用即外网状态、离线状态应用，是脱离矢量馆平台的独立应用。

当信息不齐全，或者离线编制、独立使用二维码时，应直接登录二维码管理系统，录入相对应的信息。图纸信息录入参见图 5－16。

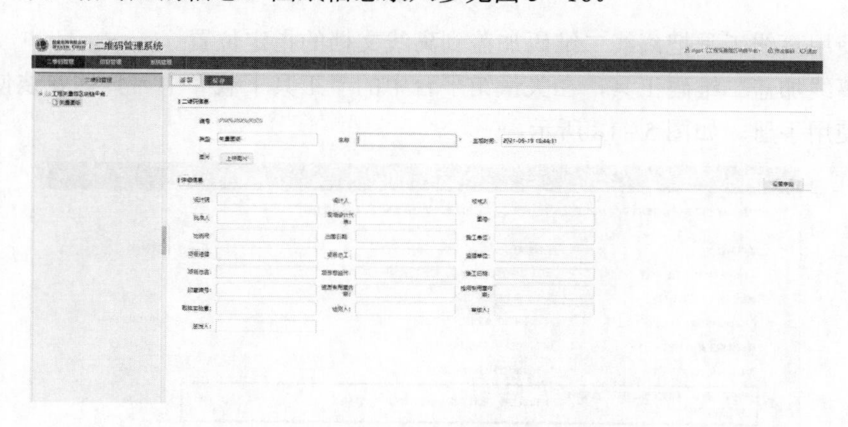

图 5－16　图纸信息录入

选中录入的信息，点击“生成二维码”按钮，下载生成的二维码图片（png 格式，适用 PDF/OFD 文件），或者矢量图片（svgs 格式，适用 dwg/dwf 等矢量文件）。如图 5－17 所示。

图 5－17　生成二维码

使用离线工具把离线二维码加盖到离线文档的指定位置。

离线加盖二维码工具，在矢量馆平台中的“工具下载”中，具体安装使用请参考使用手册。如图 5－18 所示。

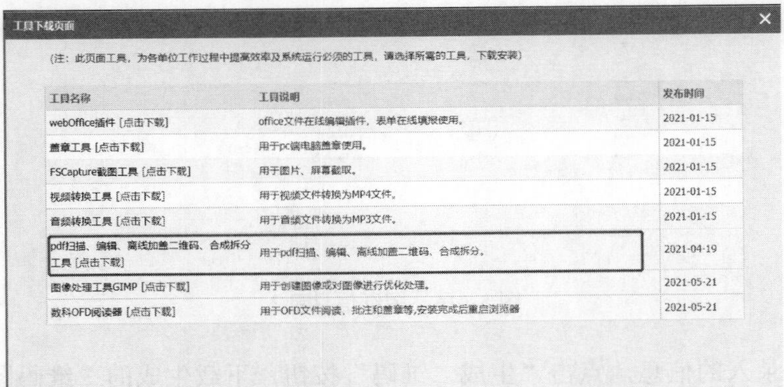

工具下载页面

（注：此页面工具，为各单位工作过程中提高效率及系统运行必须的工具，请选择所需的工具，下载安装）

工具名称	工具说明	发布时间
webOffice插件 [点击下载]	office文件在线编辑插件，表单在线填报使用。	2021-01-15
盖章工具 [点击下载]	用于pc端电脑盖章使用。	2021-01-15
FSCapture截图工具 [点击下载]	用于图片、屏幕截取。	2021-01-15
视频转换工具 [点击下载]	用于视频文件转换为MP4文件。	2021-01-15
音频转换工具 [点击下载]	用于音频文件转换为MP3文件。	2021-01-15
pdf扫描、编辑、离线加盖二维码、合成拆分工具 [点击下载]	用于pdf扫描、编辑、离线加盖二维码、合成拆分。	2021-04-19
图像处理工具GIMP [点击下载]	用于创建图像或对图像进行优化处理。	2021-05-21
数科OFD阅读器 [点击下载]	用于OFD文件阅读、批注和盖章等,安装完成后重启浏览器	2021-05-21

图 5－18　离线加盖二维码工具

五、二维码编制规范

（一）二维码图形结构

1. 编码规则

二维码由一个个正方形模块构成，排列组成正方形阵列，其中有编码区域和功能区域，符号的四周是空区，如图 5－19 所示。

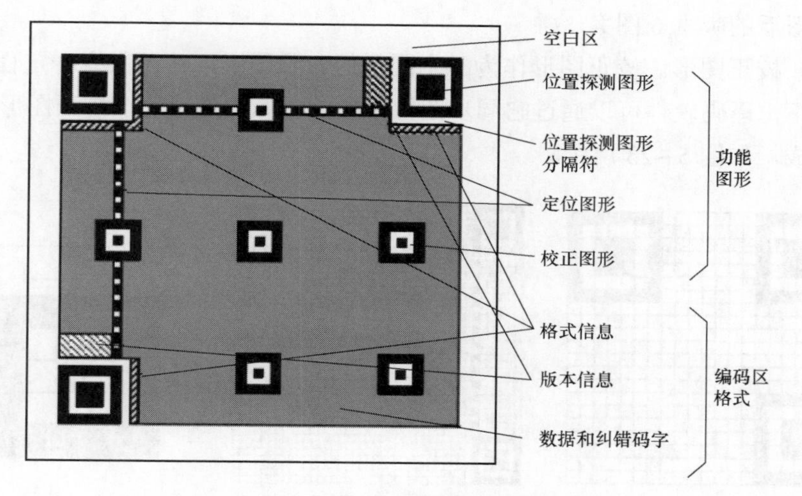

图 5－19　二维码编码规则

（1）符号规格和版本。根据内容存储长度，档案二维码采用版本 6，每行每列为 41×41 个模块。

（2）寻像图形。寻像图形包括三个相同的位置探测图形，分别位于二维码左上角、右上角、左下角，每个位置探测图形由 7×7 个模块组成，如图 5－20 所示。

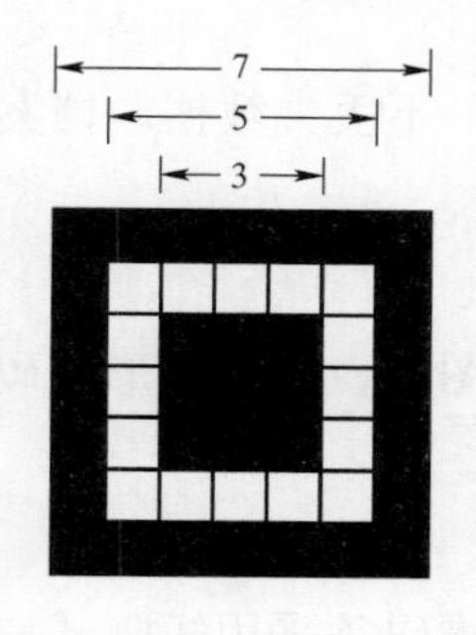

图 5－20　模块组成

（3）位置探测图形分隔符。为方便识别位置探测图形，在每个位置探测图形和编码区域之间有宽度为 1 个模块的分隔符，如图 5－21 所示。此区域应全为空白，不能填入数据。

（4）定位图形。水平和垂直定位图形分别为一个模块宽的一行和一列，由深色与浅色模块交替组成，其开始和结尾都是深色模块。水平和垂直定位图形分别位于第 6 行和第 6 列（行、列由 0 开始计数），并且避开位置探测图形。它们的作用是确定符号的密度和版本，提供决定模块坐标的基准位置。图 5－22 是绘制了定位图形后的版本 6 图案。

（5）校正图形。校正图形作为一个固定的参照图形，在图像有一定程度损坏的情况下，译码软件可以通过它同步图像模块的坐标映像。每个校正图形由 5×5 模块组成。如图 5－23 所示。

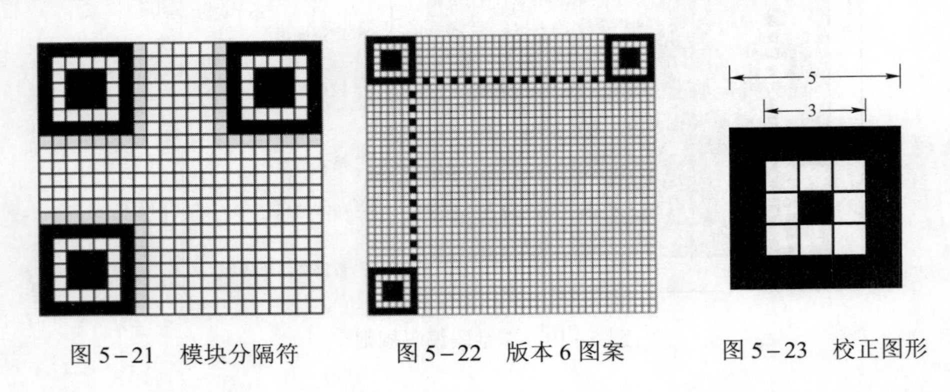

图 5－21　模块分隔符　　图 5－22　版本 6 图案　　图 5－23　校正图形

2. 数据编码

档案二维码采用 8 位字节编码模式，在 8 位字节模式中，一个 8 位码字直接表示一个输入数据字符的 ASCII 字符值。即密度为每个字符 8 位。将二进制数据连接起来并在前面加上模式指示符和字符计数指示符，得到最终编码。

3. 纠错编码

为了防止符号在遇到损坏时，不丢失数据，档案二维码纠错等级采用 M 级，纠错能力为 15%。

4. 构造矩阵

将探测图形、分隔符、定位图形、校正图形和码字模块放入同一矩阵中，并把算出的序列填充到相应区域中。

5. 形状及颜色

文本文件及图纸中使用的二维码须采用矩阵式二维码，即是在一个矩形空间内，通过黑、白像素不同分布而形成。具体样式如图 5－24 所示。

图 5－24 二维码样式

6. 二维码尺寸

档案二维码尺寸大小应根据编码内容、纠错等级、标签允许空间等因素综合确定，如有必要，需要进行相关的适应性实验进行选择。综合各类文本文件、图纸加盖位置考虑，将二维码尺寸定为 20mm × 20mm。

（二）二维码数据存储规范

为了更好地展示档案相关存储信息，二维码内容存储格式为网页链接，其中包含二维码服务地址和参数，具体内容见表 5－1 和表 5－2。

表 5－1 二维码服务地址

二维码服务地址	域名	端口	路径	编码
http://qrms.gs.sgcc.com.cn:17001/qr/assetm/read.do	qrms.gs.sgcc.com.cn	17001	/qr/assetm/read.do	UTF－8

表 5－2 二维码参数

参数	参数英文名	参数长度	参数格式	编码
数据编号	ano	32	数字、英文	UTF－8
全宗编号	unitCode	6	数字	UTF－8

二维码内容示例如图 5－25 所示。

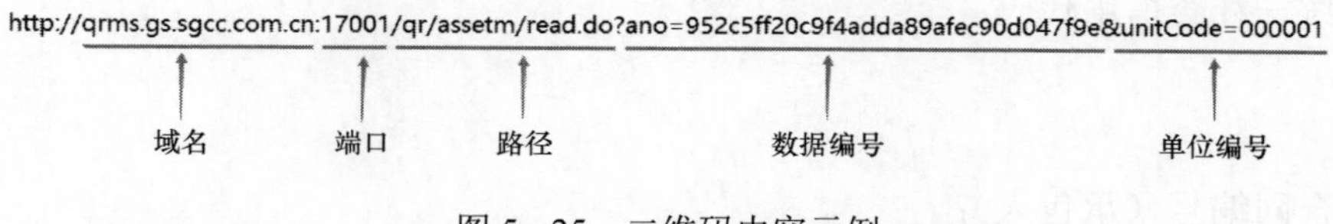

图 5－25 二维码内容示例

（三）二维码展示信息

二维码中包含的信息分为基本信息和详细信息两个部分。

1. 基本信息

（1）以设计合同为例，档案二维码的主要信息应包括合同编号、合同名称、工程名称、法定代表人、签订日期、合同专用章内容、合同专用章编码、开户银行、账号、统一社会信用代码等。

（2）以第三方检测报告为例，档案二维码的基本信息应包括报告编号、报告名称、检测单位、检测时间。

（3）以工程图纸为例，档案二维码的基本信息应包括图纸编号、类型、名称、生成时间。

2. 详细信息

（1）以某设计合同为例，档案二维码的详细信息应包括如下内容。

合同名称：输变电工程勘察设计合同

工程名称：750kV 河西电网加强输变电工程——敦煌—莫高 750kV 输电线路工程

合同编号（发包人）：

委托方：国网甘肃省电力公司建设分公司

合同专用章内容：国网甘肃省电力公司建设分公司合同专用章

合同专用章编码：

法定代表人（负责人）或授权代表（签字）：

签订日期：

地址：

联系人：

电话：

传真：

Email：

开户银行：

账号：

统一社会信用代码：

合同编号（承包人）：

受托方：中国能源建设集团安徽省电力设计院有限公司

合同专用章内容：中国能源建设集团安徽省电力设计院有限公司合同专用章

合同专用章编码：

法定代表人（负责人）或授权代表（签字）：

签订日期：

地址：

联系人：

电话：

传真：

Email：

开户银行：

账号：

统一社会信用代码：

（2）以第三方检测报告为例，档案二维码的详细信息应包括如下内容。

CMA 印章：印章编号

检测机构资质专用章：资质专用章内容

检测报告专用章：检测专用章内容

见证取样试验章：内容

检测：

审核：

签发：

（3）以工程图纸为例，档案二维码内容的详细信息应包括图号、比例尺、设计院、设计人、校核人、批准人、出图时间、现场设计代表、施工单位、监理单位、竣工日期等。如图 5-26 所示。

（四）二维码位置要求

1. 文本类文件

综合考虑公文要素，文本类档案二维码的位置应标注在文件首页的右上角。如图 5-27 所示。

2. 图纸类文件

工程图纸类文件，档案二维码已制成规范图块，采用 3 种形式，名称及使用范围如下：

（1）目录左上角。综合考试各类因素，一般情况下，图纸文件目录页的首页应在左上角编制二维码。如图 5-28 所示。

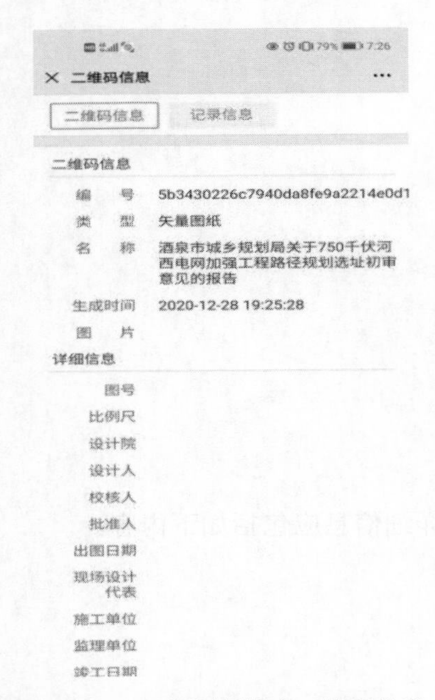

工程开复工审批表

工程名称：中电建甘肃能源崇信发电有限责任公司 2020 年 1 号机组金属监督检验　　合同编号：CXGS-202004-0301-021

"中电建甘肃能源崇信发电有限责任公司 2020 年 1 号机组金属监督检"项目已全面开始，为了保证机组的安全运行，应业主方的要求进行金属监督检验，计划于 2020 年 5 月 20 日进厂开工。开工人员共计 4 人，现场负责人员 1 人，安全员 1 人。试验人员共计 4 人参加安规考试，其中考试合格 4 人，不合格 0 人；3 月 14 日材料检测技术部自行组织召开项目会议，会议内容包括：人员"收心"工作、复工防疫培训、本次试验内容，参加人员共计 20 人；对试验仪器、安全工器具进行了安全检查确认（详见附表）；人员状况和防疫物资满足疫情防控要求。符合开复工防疫和安全要求，特申请于 2020 年 5 月 20 日开工。为按时开工，试验人员计划于 2020 年 5 月 19 日统一从兰州出发至开工现场准备开工。

附件：工程开复工检查验收确认表

项目部（章）：
负责人（签字）：钱亚勇
日　期：　2020 年 5 月 15 日

业务部门意见：

负责人（签字）：李辉
日　期：　2020 年 5 月 15 日

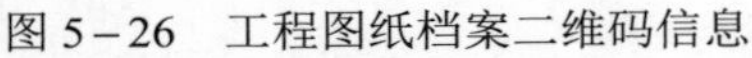

图 5－26　工程图纸档案二维码信息　　　　图 5－27　文本类档案二维码位置

中国能源建设集团
广东省电力设计研究院
工 程 图 纸 目 录

第 1 页　共 3 页

卷册检索号：44-SA12291S-T0101

750千伏河西电网加强工程（甘肃河西第二通道）高台-柳树堡段线路工程　工程　施工图　设计
结构　专业　第 1 卷　第 1 册

目录版次 1　卷册名称 7A2-ZB1直线塔

	姓名	签字		姓名	签字
批准	何运祥	何运祥	校核	钟寅亥	钟寅亥
审核	王振华	王振华	设计/勘测	曾根生	曾根生
图纸 50 张	打印件	0 本	编制日期	2018 年 12 月 日	

序号	图号	图名	版本	张	本	备注	出版
1	SA12291S-T0101-01	7A2-ZB1直线塔总图及材料汇总表(一)	A	1			✓
2	SA12291S-T0101-02	7A2-ZB1直线塔总图及材料汇总表(二)	A	1			✓
3	SA12291S-T0101-03	7A2-ZB1直线塔地线支架1结构图	A	1			✓
4	SA12291S-T0101-04	7A2-ZB1直线塔横担2结构图	A	1			✓
5	SA12291S-T0101-05	7A2-ZB1直线塔横梁3结构图(一)	A	1			✓
6	SA12291S-T0101-06	7A2-ZB1直线塔横梁3结构图(二)	A	1			✓
7	SA12291S-T0101-07	7A2-ZB1直线塔上曲臂4结构图	A	1			✓

图 5－28　图纸类文件二维码位于目录左上角

（2）图例右侧中部。A5～A2 幅面图纸二维码应放置在图例右中部位。如图 5－29 所示。

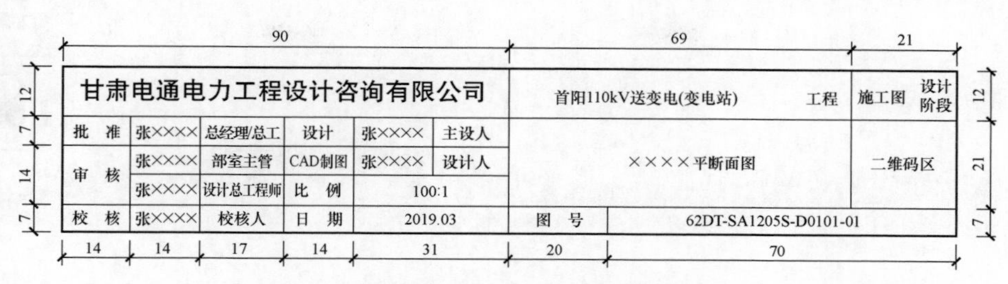

图 5－29　图纸类文件二维码位于图例右侧中部

（3）图例右下角。为了便于管理，A1、A0 幅面图纸二维码区域应放置在图例右下角。如图 5－30 所示。

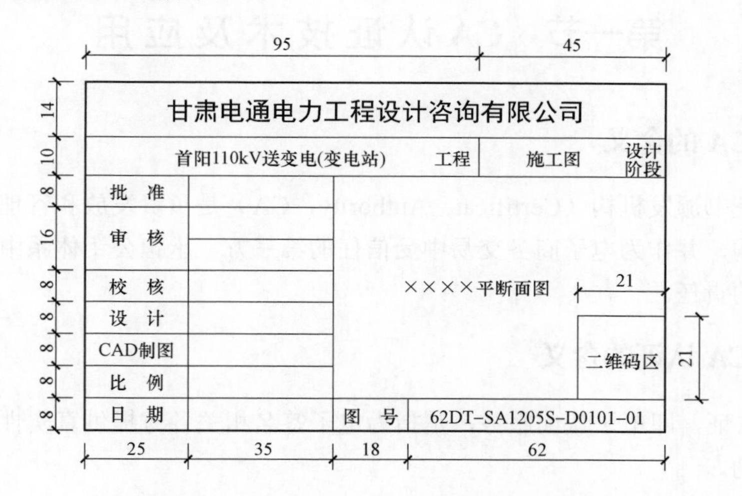

图 5－30　图纸类文件二维码位于图例右下角

第六章　CA、区块链双存证及法律效力

第一节　CA认证技术及应用

一、CA的含义

数字证书颁发机构（Certificate Authority，CA）是负责发放和管理数字证书的权威机构，并作为电子商务交易中受信任的第三方，承担公钥体系中公钥的合法性检验的责任。

二、CA认证的含义

CA认证，即电子认证服务，是指为电子签名相关各方提供真实性、可靠性验证的活动。

三、CA认证中心的含义

CA认证中心，是采用PKI（Public Key Infrastructure）公开密钥基础架构技术，专门提供网络身份认证服务，CA可以是民间团体，也可以是政府机构，均由国家秘密局授权，统一接受“国秘根”最高权限管理。负责签发和管理数字证书，且具有权威性和公正性的第三方信任机构，它的作用就像颁发证件的公司，如护照办理机构。目前国内的CA认证中心主要分为区域性CA认证中心和行业性CA认证中心。

为保证用户之间在网上传递信息的安全性、真实性、可靠性、完整性和不可抵赖性，不仅需要对用户的身份真实性进行验证，也需要有一个具有权威性、公正性、唯一性的机构，负责向电子商务的各个主体颁发并管理符合国内、国际安全电子交易协议标准的电子商务安全证，并负责管理所有参与网上交易的个体所需的数字证书，因此是安全电子交易的核心环节。

CA 认证中心是一负责发放和管理数字证书的权威机构。CA 的主要功能是接收注册请求、处理、批准、拒绝请求、颁发证书等。用户向 CA 提交代表自己身份的信息（如身份证号码），CA 验证了用户的有效身份之后，向用户颁发一个经过 CA 私有密钥签名的证书。对于国家电网这种大型的应用环境，认证中心往往采用一种多层次的分级（省公司）结构，各级的认证中心类似于各级行政机关，上级认证中心负责签发和管理下级认证中心的证书，最下一级的认证中心直接面向最终用户。处在最高层的是认证根中心（Root CA）。

矢量馆平台集成使用的是中国电力科学研究院行业性 CA 认证中心。

四、根证书的含义

根证书是 CA 认证中心与用户建立信任关系的基础，用户的数字证书必须有一个受信任的根证书，用户的数字证书才是有效的。从技术上讲，证书包含，用户的信息、用户的公钥、CA 中心对该证书里面的信息的签名三部分。要验证一份证书的真伪（即验证 CA 中心对该证书信息的签名是否有效），需要用 CA 中心的公钥验证，而 CA 中心的公钥存在于对这份证书进行签名的证书内，故需要下载该证书，但使用该证书验证又需先验证该证书本身的真伪，故又要用签发该证书的证书来验证，这样一来就构成一条证书链的关系。根证书是一份特殊的证书，它的签发者是它本身，下载根证书就表明您对该根证书以下所签发的证书都表示信任，而技术上则是建立起一个验证证书信息的链条，证书的验证追溯至根证书即为结束。所以用户在使用自己的数字证书之前必须先下载根证书。

五、统一密码服务平台

为全面贯彻国家关于加强金融和重要领域密码应用与创新发展的决策部署，实现密码与电力行业战略和新技术新应用深度融合发展，打造规范高效的国家电网密码应用服务体系，充分发挥密码在保障电网安全生产经营中的重要作用，统筹公司密码应用发展规划，建设密码应用责任、技术支撑、运营服务、制度标准、评估检测、风险管控体系，满足公司各类业务对密码应用服务的需求，国家电网公司建设了统一密码服务平台（简称密服平台），是 CA 技术的具体应用。

密服平台作为国家电网自建密码基础设施，在《中华人民共和国网络安全法》《电子认证服务管理办法》等国家安全法律法规总体框架下，依据《电力行业国产密码应用规划（2016～2020）》要求建设，其中包含数字证书系统新建和对称密钥管理系统扩建，面向公司和社会企业提供证书制作、证书发放、证书更新、证书吊销、身份认证、电子签名验签、密钥分发、数据加解密等密码应用服务。

密服平台部署分为信息内网和互联网部署，信息内网分为总部一级部署和省级二级部署，互联网环境为总部一级部署；并设有北京、西安、上海三个数据中心，实现各级系统的主备关系，保障密服平台的正常运行。在信息内网部署二级系统的省份，可通过二级系统接入密服平台进行密码相关业务应用，未进行二级部署的省份，如有需要可接入总部密服平台进行密码相关业务应用。在互联网环境下，所有业务系统可直接接入总部密服平台进行密码相关业务应用。

第二节 电子签章系统

一、电子签章系统

电子签章系统（Electronic Signature System，ESS）是一整套电子签名解决方案，采用电子签名技术在电子文档和电子表单上实现电子印章和手写签名。

系统由电子签章制作平台、电子签章状态发布平台以及电子签章应用平台组成。

电子签章制作平台主要包括电子印章的申请、审批、制发、管理等全生命周期管理；电子签章状态发布平台主要包括电子印章状态的实时更新，对外提供查验服务；电子签章应用平台主要包括为各个业务系统提供电子签章服务，其中包括多种客户端签、后台智能签章；其中客户端签章包括网页标准、office文档、PDF、AIP、OFD等多种文档客户的签章和手写签批；后台只能签章模块负责根据业务规则自动批量的执行加签动作。ESS可以单独使用实现电子印章功能，也可以嵌入整合到现有的软件平台中。

二、电子签章架构

总体架构图如图6-1所示。

表现层：ESS的表现形式主要是骑缝章、印章防伪、雾化灰度、OFD生成、签章验证、二维码、手写签名等基础功能模块，来满足客户的工作需求。

业务层：ESS业务层主要是后台的功能模块，包括印章管理、印模管理、签章规则、证书管理、日志管理等服务端基本模块管理。

集成层：提供服务接口方便其他业务系统调用，实现不同的业务场景需求。

数据层：基本的支撑数据。

系统层：软硬件基础环境。

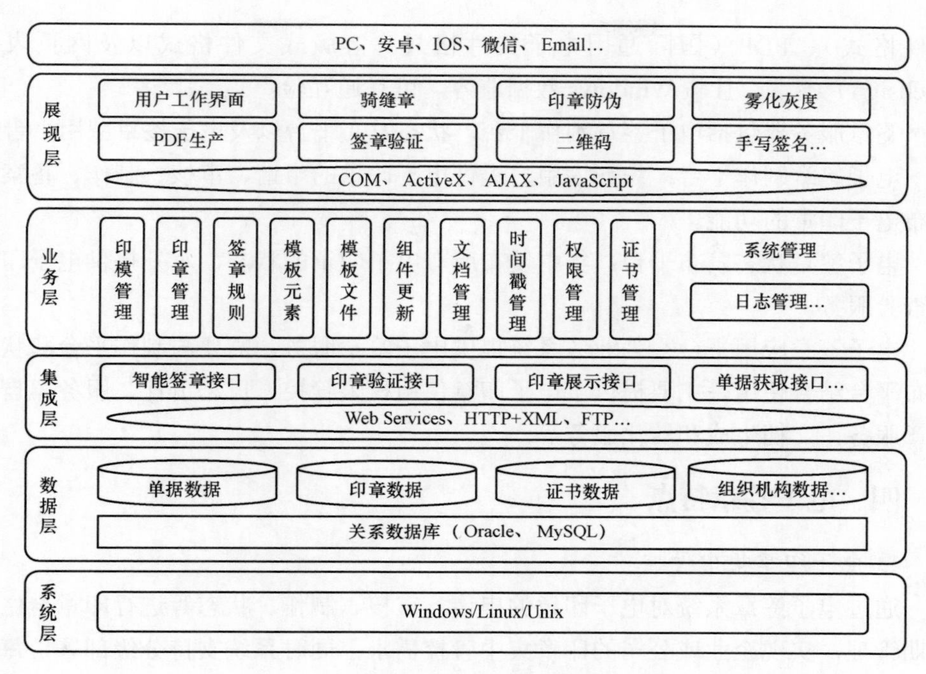

图 6-1　ESS 总体架构

三、电子签章功能

电子签章 ESS 功能架构如图 6-2 所示。

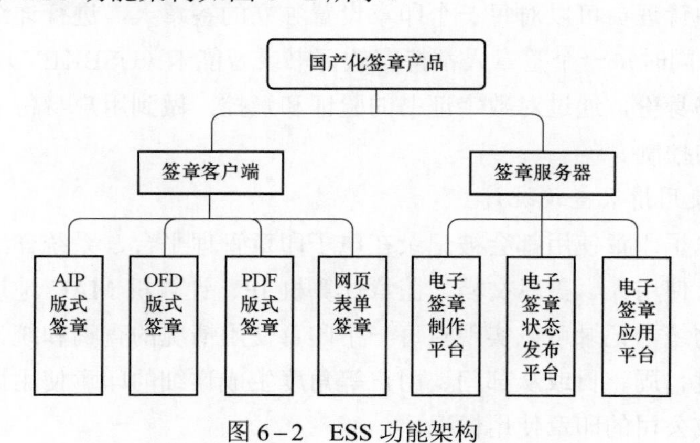

图 6-2　ESS 功能架构

国产化签章产品，优选国网技术先进的北京点聚信息技术公司的电子签章系统。

目前的签章版本有 AIP（点聚私有加密电子文件格式）、OFD（国家标准电子文件格式）、PDF（国际通用电子文件格式）等版式文件格式以及网页表单（websign）签章，且与 Windows 数据兼容，可互通互验。

签章服务器包括电子签章制作平台，状态发布平台以及电子签章应用平台。

电子签章制作平台：统一为用户提供电子印章的申请、审核、制作、备案、发布电子印章的功能。

电子签章状态发布平台：集中发布所有电子印章的状态，对外提供电子印章的查验服务。

电子签章应用平台：为业务系统提供电子签章服务，需要与制作平台和状态发布平台结合使用，主要提供了电子印章使用权限管控，日志审计，服务器自动签章服务，文档生成和转化服务等。

四、电子签章特点

1. 电子印章集中管控

通过电子签章系统对电子印章的申请、审核、制作、状态等进行印章全生命周期管理，实现企业或公司的印章集中管控需求；同时系统支持分级部署，每个子单位或分公司独立部署系统独立管理自己的内部的电子印章，总部通过主系统可以监控和管理每个子系统的印章情况，实现分布部署、集中管控的目标。

2. 用印安全统一管控

所有电子印章使用权限都必须通过电子印章管理员进行权限设置，在电子印章管理平台中管理员可以对每一个印章设置独立的签章人，进行详细的印章使用权限的管控；同时每一个签章人都持有软证书或智能卡（USBKEY），独立持有自己的数字证书身份，通过对数字证书的验证和管控，做到用户身份安全的验证以及用印安全的控制。

3. 印章使用情况查询统计

所有的电子印章使用都会被记录在电子印章管理平台，系统详细记录了印章的使用时间、使用人、盖章文档、盖章计算机 IP、计算机 MAC 地址等信息；通过盖章日志的统一记录可以实现对每一个印章使用情况的查询和统计，可以按照年、月、季度、周、日或从部门、用户等角度生成详细的印章使用情况报告。清晰了解企业或公司的印章使用情况。

4. 第三方标准接口

通过电子印章客户端实现在阅读、在线盖章、在线手写签批、在线打印等功能，电子印章客户端可以与任意业务系统对接集成，为企业或公司内各个业务系统提供在线文档签章服务的支撑。

第三节　区块链技术及应用

一、区块链技术

工信部《中国区块链技术和应用发展白皮书（2016）》中提出：区块链是分布式数据存储、点对点传输、共识机制、加密算法等计算机技术在互联网时代的创新应用模式，本质上是一个去中心化的分布式账本数据库。是多种技术整合的结果，这些技术以新的结构组合在一起，形成了一种新的数据记录、存储和表达的方式，是一种几乎不可能被更改的分布式数据库。

同时，区块链技术还具有以下特征：

（1）去中心。由多节点共同组成一个端到端的网络，无中心设备和管理机构。节点之间数据交换通过数字签名进行验证，无需互相信任，只按系统规则进行，节点之间无法欺骗。

（2）透明性。运行规则公开透明，每一数据块都对所有节点可见。由于节点与节点之间是去信任的，因此节点之间不公开，参与的节点都是匿名的。

（3）防篡改。信息经过验证并添加至区块链，就会永久的存储起来，单个节点上对数据库的修改是无效的。链中的每一数据通过加密技术与相邻区块串联，可以追溯到数据的前世今生。

（4）共享性。每一台设备都作为一个节点，都可获得完整的数据库拷贝。节点间使用相同共识机制，竞争计算共同维护整个链。

二、区块链与矢量馆平台集成

1. 业务架构

完善工程档案矢量馆平台，推进数字档案管理体系建设，实现档案管理全流程管控、数据实时存证、信息共享，促进数据信息的融通，整合上下游档案数据与资源，实现业务链接。

以资源管理与共享应用需求为导向，利用区块链去中心化、分布式存储、信息高度透明、数据不可篡改等技术优势，全面监控矢量资源流向，实现矢量资源外部共享数据的访问权限开放、数据共享以及访问实时监控，以“链数据”保障矢量资源安全可追溯。

业务架构主要分为应用层、服务层、基础层三层，如图 6–3 所示。

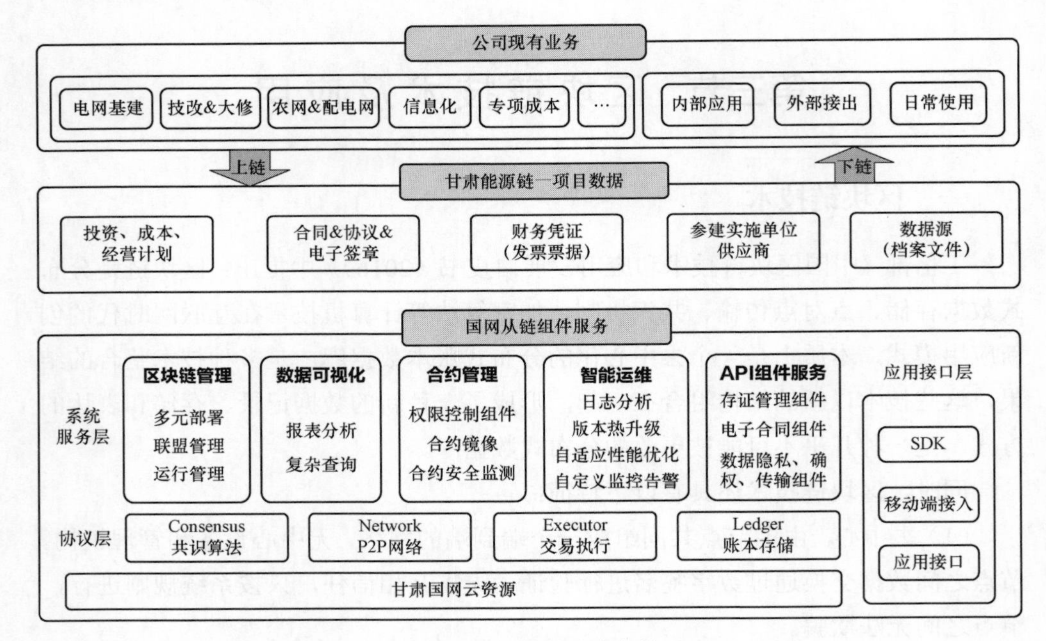

图 6－3　区块链业务架构

应用层：平台在多环节协同互链、全流程运营监控、一体化高效协同等领域能发挥巨大的作用。

服务层：主要展示区块链基础服务平台提供的主要服务，这些服务为应用层的多种应用提供了有效的服务支撑。

基础层：系统基础层由区块链底层支撑系统、数据存储系统、非结构化数据存储系统三部分构成。

2. 系统架构

四个应用微服务通过区块链网关与区块链进行数据交互。通过接口层为其他业务系统提供标准接口，通过接口可以调用四个应用微服务的功能模块。本方案采用 REST 服务的方式，远程调用，采用微服务的设计原则，使用区块链网关，把微服务与区块链平台集成的功能集中到网关中。区块链集成系统架构如图 6–4 所示。

三、区块链技术在工程档案管理中的应用

为深入贯彻《中华人民共和国档案法》，进一步落地执行档案工作国家和行业制度标准规范，全面推进数字档案管理体系建设，国网甘肃省电力公司建设了矢量馆平台，解决了原有数字档案馆系统收集整编操作较为繁琐，智能化程度不高，部分档案归档不及时、文件缺失、元数据不完整等问题。同时，为进一步提升矢

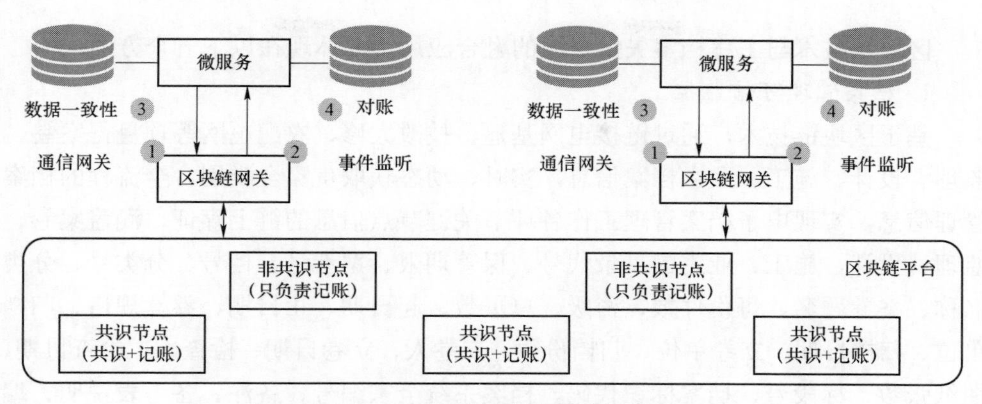

图 6-4 区块链集成系统架构

量馆工程档案资料的可信度，保证工程档案信息的真实可信，实现档案信息链上取证验证以及档案资源的可信共享，基于区块链技术对现有矢量馆系统进行升级改造，通过档案管理工作全流程数据全面上链存证取证，实现档案管理工作的全流程实时运营监控，为广大用户提供更加可信的高质量的档案管理与矢量资源数据共享服务。以档案管理全寿命周期为主线，协同区块链技术与现有矢量馆数据管理平台，整合矢量资源、原始原件、工作审批流程、参建单位等信息，构建具有数字化、网络化和智能化特征的现代档案管理体系，促进能源行业档案管理工作信息化、系统化发展，在国内电力企业中率先实现智慧型工程档案管理。

区块链技术在档案存证中的融合应用如图 6-5 所示。

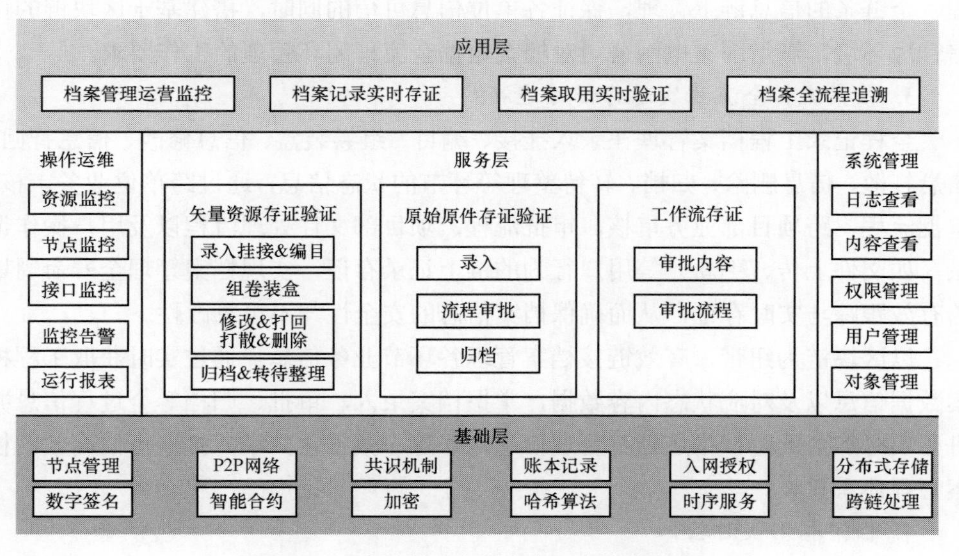

图 6-5 区块链技术在档案存证中的融合应用

区块链技术与工程档案矢量资源的融合应用主要体现在以下五个方面：

1. 档案管理可信监控

基于区块链技术，通过链接电网基建、技改大修、农配电网等项目得案卷、监理、设计、施工、业主档案信息，实时、动态获取贯穿全类别、全流程的档案管理信息，实现电子档案管理工作各环节关键节点信息的链上存证，涵盖案卷、监理、设计、施工、业主的目录代号、保管期限、案卷号、档号、分类号、分类名称、案卷题名、每份件数、密级、总页数、起日期、止日期、卷盒规格、归档单位、归档日期、立卷单位、归档份数、立卷人、立卷日期、检查人、检查日期、图纸张数、标段号、档案标识代码、档案系统全宗编号、备注、备考表说明、编制单位、照片数等业务环节信息，实时记录档案状态，动态更新档案资源收录归档等节点信息。

2. 跨界别单位精益管控

依托区块链技术去中心式管理、分布式存储、数据不可篡改、信息可追溯的特性，实现包括隶属公司信息、参建单位信息在内的跨界别单位的链上认证存证。通过隶属单位与参建单位的单位名称、纳税人识别号、单位简称、单位类型、地址、联系人、联系方式、管理员账号、营业执照、印章、移动端权限划分等信息上链存证，实现电网体系内的工程业主单位、建设单位的资质信息实时存证、在线记录，构建基于区块链跨界别单位的精益化管控体系，实现对公司所有项目供应商、业主单位、设计单位、施工单位、监理单位、监造单位、制造单位等全流程、全链条的信息链上管理，保证各单位信息可信的同时，搭建基于区块链的可信管理环境，满足国家电网公司对档案数据全流程闭环管理的工作要求。

3. 档案流转全流程实时存证可追溯

全程记录工程档案管理在录入挂接、编目、组卷装盒、信息修改、信息打回、信息打散、信息删除、归档、转待整理等环节的状态信息，通过跨单位业务审核、审批流程，跨项目部业务审核、审批流程，项目部文件处理流程以及用户操作记录（如文件上传、更新）等用户行为的链上记录存证，实现档案管理全寿命周期的有效跟踪与实时存证，从而确保档案信息的安全性与不可篡改性。

以区块链为纽带，有效链接档案管理各环节业务信息，通过实时获取工程档案数据信息以及对应状态内容数据，掌握档案录入、审批、归档等全过程信息并进行实时加密上链，推进档案管理信息化跟踪、数据化共享，打造可信高效的档案管理体系建设。

4. 档案取用实时验证

在档案数据应用环节通过查询相关档案资料信息，进行链上数据与系统数据

库数据以及用户应用端数据的区块链一致性验证，如验证一致则证明对应档案数据未被篡改，如验证不一致则代表数据存在篡改的风险需要进一步查证。实现工程档案管理数据基于区块链的存证、验证一体化，从而进一步实现数据存储、数据流转、记录管理等方面的优势实现工程档案资源管理的信任体系建设。

5. 档案资源可信共享

在现有矢量资源共享功能的基础上，实现现有共享流程数据的全面存证，同时实现基于区块链的数据共享追溯查询，利用区块链技术优势，全面监控矢量资源数据流向，确保矢量数据共享安全可追溯，提升工程档案矢量馆平台为各部门、基层各单位、各级政府机构以及社会各界提供可控、高效、稳定、权威的矢量资源共享服务，充分激发数据潜在价值，实现档案共享资源的溯源查询，保证共享过程的公开透明，依托区块链技术实现彼此互信，降低信任摩擦。

针对每一条矢量资源的访问请求以及资源调用请求，经由区块链技术实现数据的链上存证以及数据使用情况的实时追踪记录，监控调用数据的各类用户行为。后台采集的数据经过处理后对数据进行多维度的统计分析以及可视化展示，便于管理者全面、实时地掌握矢量资源调用信息。同时将采集到的监控数据进行链上的实时存证记录，管理者可以根据自己的需求进行链上数据的调取行为以及访问请求的追踪查询，保证采集到的数据不会遭到篡改，实现矢量资源取用的溯源查询以及公开透明，实现数据调用信息全程监控、全流程闭环管理。

第四节　电子档案 CA、区块链双认证双存证及法律效应

一、电子签名的含义

电子签名并非是书面签名的图像化。它其实是一种电子代码，利用它，收件人便能在网上轻松验证发件人的身份和签名。它还能验证出文件的原文在传输过程中有无变动。

《中华人民共和国电子签名法》第十四条规定：可靠的电子签名与手写签名或者盖章具有同等的法律效力。

二、可靠电子签名应具备的条件

《中华人民共和国电子签名法》第十三条规定：电子签名同时符合下列条件的，视为可靠的电子签名。

1. 电子签名制作数据用于电子签名时，属于电子签名人专有

电子签名制作数据是指在电子签名过程中使用的，将电子签名与电子签名人可靠地联系起来的字符、编码等数据。它是电子签名人在签名过程中掌握的核心数据。唯有通过电子签名制作数据的归属判断，才能确定电子签名与电子签名人之间的同一性和准确性。因此，一旦电子签名制作数据被他人占有，则依赖于该电子签名制作数据而生成的电子签名有可能与电子签名人的意愿不符，显然不能视为可靠的电子签名。

2. 签署时电子签名制作数据仅由电子签名人控制

这一项规定是对电子签名过程中电子签名制作数据归谁控制的要求。这里所规定的控制是指一种实质上的控制，即基于电子签名人的自由意志而对电子签名制作数据的控制。在电子签名人实施电子签名行为的过程中，无论是电子签名人自己实施签名行为，还是委托他人代为实施签名行为，只要电子签名人拥有实质上的控制权，则其所实施的签名行为，满足本法此项规定的要求。

3. 签署后对电子签名的任何改动能够被发现

采用数字签名技术的签名人签署后，对方当事人可以通过一定的技术手段来验证其所收到的数据电文是否是发件人所发出，发件人的数字签名有没有被改动。倘若能够发现发件人的数字签名签署后曾经被他人更改，则该项签名不能满足本法此项规定的要求，不能成为一项可靠的电子签名。

4. 签署后对数据电文内容和形式的任何改动能够被发现

电子签名的一项重要功能在于表明签名人认可数据电文的内容，而要实现这一功能，必须要求电子签名在技术手段上能够保证经签名人签署后的数据电文不能被他人篡改。否则，电子签名人依据一定的技术手段实施电子签名，签署后的数据电文被他人篡改而却不能够被发现，此时出现的法律纠纷将无法依据本法予以解决。电子签名人的合法权益难以得到有效的保护。因此，要符合本法规定的可靠的电子签名的要求，必须保证电子签名签署后，对数据电文内容和形式的任何改动都能够被发现。

三、电子签名法律效力的来源

1.《中华人民共和国电子签名法》

为了规范电子签名行为，确立电子签名的法律效力，维护有关各方的合法权益，制定本法。

2.《中华人民共和国合同法》

《中华人民共和国合同法》第十一条规定：书面形式是指合同书、信件和数据

电文（包括电报、电传、传真、电子数据交换和电子邮件）等可以有形地表现所载内容的形式。

3.《中华人民共和国民事诉讼法》

《中华人民共和国民事诉讼法》第六十三条规定证据种类，证据包括：① 当事人的陈述；② 书证；③ 物证；④ 视听资料；⑤ 电子数据；⑥ 证人证言；⑦ 鉴定意见；⑧ 勘验笔录。证据必须查证属实，才能作为认定事实的根据。

四、电子签名法律效力认定规则

根据《最高人民法院关于互联网法院审理案件若干问题的规定》第十一条规定，当事人对电子数据真实性提出异议的，互联网法院应当结合质证情况，审查判断电子数据生成、收集、存储、传输过程的真实性，并着重审查以下内容：

（1）电子数据生成、收集、存储、传输所依赖的计算机系统等硬件、软件环境是否安全、可靠。

（2）电子数据的生成主体和时间是否明确，表现内容是否清晰、客观、准确。

（3）电子数据的存储、保管介质是否明确，保管方式和手段是否妥当。

（4）电子数据提取和固定的主体、工具和方式是否可靠，提取过程是否可以重现。

（5）电子数据的内容是否存在增加、删除、修改及不完整等情形。

（6）电子数据是否可以通过特定形式得到验证。

当事人提交的电子数据，通过电子签名、可信时间戳、哈希值校验、区块链等证据收集、固定和防篡改的技术手段或者通过电子取证存证平台认证，能够证明其真实性的，互联网法院应当确认。

当事人可以申请具有专门知识的人就电子数据技术问题提出意见。互联网法院可以根据当事人申请或者依职权，委托鉴定电子数据的真实性或者调取其他相关证据进行核对。

第十一条明确了电子证据真实性的认定规则：① 在认定对象上，涵盖了对电子证据生成、收集、存储、传输等各环节真实性的认定；② 在审查内容上，强调对电子数据生成平台、存储介质、保管方式、提取主体、传输过程、验证形式等方面进行审查；③ 在认定方式上，鼓励和引导当事人通过电子签名、可信时间戳、哈希值校验、区块链等技术手段，以及通过取证存证平台等对证据进行固定、留存、收集和提取，弥补仅依靠公证程序认定电子证据的不足，提升电子数据的证据效力。

矢量馆平台集成的 CA 电子签章技术，采用软证书方案，防止电子文件被复制拷贝后进行篡改，进行电子文件验真，具有明确的法律效力。

五、区块链存证的法律效力

2013 年 1 月 1 日施行的民事诉讼法，明确将电子数据（即电子证据）归为独立证据形式。

然而，传统电子证据存在证据来源不易查实、证据内容可予修改、修改痕迹难于发现等痛点。可篡改、可删除、可复制的特征导致电子数据作为司法证据时，可能被破坏、被污染、被修改，从而影响到对事实的判断。

司法实践中，对电子证据使用面临着诸多认定难题，主要表现为：

（1）电子证据容易被篡改。

（2）在取证时，电子证据和相关设备如果发生分离，则电子证据的效力会降低。

（3）在出示证据时，需要将电子证据打印出来转化为书证，这种操作不但可能破坏电子数据的内容，同时司法认定成本也较高。

（4）在举证时，由于其易篡改性的特点，所以会出现双方电子数据内容不一致的情况，导致法院对电子证据的真实性、关联性、合法性认定就变得很困难。

2008 年随着比特币的兴起，区块链作为一种新兴的数据存储模式出现在人们视野中，随着区块链技术的不断发展，其去中心、防篡改的技术特征在司法领域的优势逐渐凸显。

2018 年 9 月 7 日，最高人民法院公布的《最高人民法院关于互联网审理案件若干问题的规定》中，对互联网法院审理案件采取在线方式、受理案件范围、互联网诉讼平台建设、在线处理起诉材料、在线证据交换、诉讼和证据材料电子化等方面进行了相关规定。

其中，第十一条规定指出："当事人提交的电子数据，通过电子签名、可信时间戳、哈希值校验、区块链等证据收集、固定和防篡改的技术手段或者通过电子取证存证平台认证，能够证明其真实性的，互联网法院应当确认。"这是最高人民法院首次对以区块链技术进行存证的电子数据真实性作出司法解释，由此区块链存证的法律效力在我国得到进一步确认。

运用区块链技术存储电子证据具备较强法律效力的关键在于，区块链技术可以满足电子证据法律效力的四要素：

（1）来源真实。区块链存证具备数据收集、传输、记录过程的中立性，确保证据来源真实。

（2）存储可靠。区块链不可篡改的特性天然适用于存储电子证据，有效防止

证据被篡改可能。

（3）内容完整。区块链具有不可篡改特性，内容只需完整上链，即可确保链上证据的完整性。

（4）关联性。区块链可记录证据从产生、存储到传输全过程，具有更强的关联性。

因此，区块链技术将电子文件的流转信息、审核记录、操作权限等信息进行加密上链，实现电子文件的可溯源，防修改，防泄漏等特性。通过区块链实现电子文件的交易数据上链，结合基于数据多级加密和多维权限控制技术，解决电子数据易伪造、易篡改、难溯源、难校验的问题。区块链技术在电子证据的法律存证取证方面具备突出的优势。

第七章　电网项目（工程）档案管理重点

第一节　变电站工程

一、建管单位档案管理重点

（一）立项核准类（分类号：8400）

（1）项目核准文件、请示及报告、项目前期工作文件。

（2）资金计划、投资计划、进度计划、其他往来文件。

（3）建设工程选址意见书（含附图）、建设工程规划许可证、用地规划许可证、消防设计审核意见、林地树木砍伐许可、取水许可、饮用水检测、施工许可证等。

（4）用地预审批复、用地预审请示、用地预审意见。

（二）用地审批类（分类号：8400）

（1）用地批准书及征用地的请示文件、国有土地使用证、红线图、不动产权证。

（2）征地补偿标准、征地合同协议、拆迁协议、树木砍伐补偿协议等。

（三）合同及招投标类（分类号：8400）

（1）勘察设计合同及招投标文件（招标代理机构向业主单位移交招投评标文件）。

（2）监理合同及招投标文件（含施工监理、设计监理、环水保监理等）。

（3）施工合同及招投标文件（含“四通一平”、土建、电气等，按标段顺序排列）。

（4）环保监测、水保监测合同及招投标文件。

（5）地脚螺栓、铁塔及防坠落、架线材料等物资合同及招投标文件（物资合同签订单位组卷移交业主）。

（6）设备监造合同及招投标文件（物资合同签订单位组卷移交业主）。

（7）大件运输合同及招投标文件。

（8）进口设备材料报关文件、商检文件、索赔、缺陷处理等文件（按实际情况归档）。

（9）建设管理任务书，技术咨询合同。

（10）可研设计合同。

（11）初设评审合同。

（12）质量监督合同。

（13）地震、地灾、压覆矿产评估、地勘、水文、林勘、文物等服务合同。

（14）招标代理合同。

（15）环水保验收调查合同。

（16）质量检测合同。

（17）电源/水源/通信线路施工合同。

（18）科研合同。

（19）系统调试/特殊试验等技术服务合同。

（20）结算审核合同。

（21）决算审计合同。

（22）消防合同。

（23）其他合同（按实际情况可分类组成多卷）。

（四）可研类（分类号：8401）

（1）可研批复、评审意见、报告及附图、可研估算书（设计单位提供业主或由设计单位立卷）。

（2）环境影响报告书批复、请示、报告及附表、委托函。

（3）水土保持方案批复、请示、报告及附表、委托函。

（4）地质灾害危险性评估批复、报告及备案登记表、委托函。

（5）地震安全性评价批复、报告、委托函（按实际情况归档）。

（6）压覆矿产资源调查报告及批复、委托函。

（7）文物勘探批复、报告、委托函。

（8）河道防洪批复、报告、委托函按（按实际情况归档）。

（9）科研论证可研报告、专家评审意见、论证报告、其他专题研究报告及批复。

（五）初设类（分类号：8402、8403）

（1）初步设计审查意见、请示及批复，初设收口评审意见，初设全套收口文件及附图。

（2）设计联络会会议纪要。

（3）试桩大纲、试桩报告及评审意见（分类号：8403，按实际情况归档）。

（六）验收结算类（分类号：8406）

（1）竣工验收申请、验收通知、验收方案、验收报告、整改反馈。

（2）启委会成立文件、调度命名文件、线路参数测试大纲及报告、启委会会议纪要、启动方案、启动验收签证书。

（3）竣工环保验收、水保验收、档案专项验收报告。

（4）试运行报告、设备运行缺陷记录等（运行单位归档）。

（5）工程结算报告及批复、结算审核报告，决算报告及批复、决算审计报告。

（七）项目管理类（分类号：8407）

（1）建设管理纲要。

（2）水保监测方案、报告，环保监测报告。

（3）第一次工地例会纪要、工程月度例会纪要、专题协调会纪要。

（4）工程总结（建管、监理、设计、施工）。

（5）达标投产、创优申报文件及命名文件。

（6）优质工程奖、优秀设计奖、科技成果、QC、专利、优秀项目部、新设备、新工艺、新技术、新材料等获奖文件、证书、奖杯等。

（7）项目档案管理卷（项目档案管理策划、档案收集整理情况说明、参建单位归档情况说明、档案工作总结（业主施工监理）、各参建单位运检档案移交单、档案交接单附整体案卷目录。

（8）工程数码照片。

（9）工程视频光盘（开工仪式、创优短片、总结汇报片等视频）。

（八）质量监督类（分类号：8408）

（1）质量监督申报书、注册证书。

（2）首检：检查申请、检查通知、专家意见书、整改反馈单、转序通知书。

（3）土建工程阶段：检查申请、检查通知、专家意见书、整改反馈单、转序通知书。

（4）电气工程阶段：检查申请、检查通知、专家意见书、整改反馈单、转序通知书。

（5）投运前阶段：检查申请、检查通知、专家意见书、整改反馈单、转序通知书。

（6）质量监督总报告，其他。

二、设计单位档案管理重点

（一）地质勘察、施工图类（分类号：8403）

（1）工程地勘报告、水文地勘报告。

（2）施工图预算书及评审意见。

（3）全套施工图（DWF 矢量图）。

（二）工程创优类（分类号：8407）

设计创优细则、强条计划、强条执行记录、质量通病防治、“三通一标”、“两型三新”等策划文件及报审（一般项目纳入可研初设文本或施工蓝图，创优工程按实际产生归档）。

（三）竣工图目录、编制说明类（分类号：8410）

竣工图总目录及编制说明等（双层 PDF/OFD 或 DWF 矢量图）。

（四）土建竣工图（分类号：8411）

土建竣工图（××设计院××部分（专业）第×卷第×册竣工图，DWF 矢量图）。

（五）水工竣工图（分类号：8412）

水工竣工图（××设计院××部分（专业）第×卷第×册竣工图，DWF 矢量图）。

（六）暖通竣工图（分类号：8413）

暖通竣工图（××设计院××部分（专业）第×卷第×册竣工图，DWF 矢量图）。

（七）电气一次竣工图（分类号：8414）

电气一次竣工图（××设计院××部分（专业）第×卷第×册竣工图，DWF 矢量图）。

（八）电气二一次竣工图（分类号：8415）

电气二次竣工图（××设计院××部分（专业）第×卷第×册竣工图，DWF 矢量图）。

（九）继电保护竣工图（分类号：8416）

继电保护竣工图（××设计院××部分（专业）第×卷第×册竣工图，DWF 矢量图）。

（十）通信竣工图（分类号：8417）

通信竣工图（××设计院××部分（专业）第×卷第×册竣工图，DWF 矢量图）。

（十一）远动竣工图（分类号：8418）

远动竣工图［××设计院××部分（专业）第×卷第×册竣工图，DWF矢量图］。

（十二）其他竣工图（分类号：8419）

其他（站外电源等）竣工图（××设计院××部分（专业）第×卷第×册竣工图，DWF矢量图）。

三、施工单位档案管理重点

（一）施工文件类（分类号：8403）

（1）施工项目管理实施规划。

（2）施工方案（一般方案、专项方案）及报审。

（3）施工技术交底记录。

（4）工程进度计划、调整计划。

（5）供货商、分包、试验单位、施工单位特殊工种资质及报审。

（6）主要测量计量器具、试验设备检验证书及报审。

（7）施工日志（××××年××月至××××年××月）。

（8）设计变更单及报审、设计变更执行报验单及汇总。

（二）土建施工类（分类号：8404）

（1）土建工程开工报审及开工令、暂停令、复工令。

（2）土建工程施工质量验评项目划分表及报审。

（3）土建工程材料出厂文件、复试报告及报审（构、配件、成品、半成品、钢筋、水泥、商砼、砂石、防火、防水、保温等施工物资、建筑电气设备等）。

（4）土建试验报告及报审（桩基检测、第三方沉降观测、钢筋接头、高强度螺栓连接副、钢结构摩擦面抗滑移系数检测、回填土压实系数、钢筋保护层厚度检测等及见证取样记录）。

（5）工程控制网测量记录、全站桩位图、桩位偏移图。

（6）场平/站外道路/站外给排水/桩基等单位工程开工报审，施工记录，分部、分项及检验批质量验收记录，工程质量竣工验收记录（验收记录、资料核查记录、安全和功能检验资料核查及主要功能抽查记录、建筑物观感质量检查记录），四通一平工程验收交接证书。

（7）××单位工程开工报审，施工测量记录（定位测量、建筑物垂直度、标高、全高测量）。

（8）××单位工程地基处理施工记录、试验报告，桩基施工记录。

（9）××单位工程隐蔽工程验收记录（地基验槽/钢筋工程/地下混凝土/地下防水防腐/预埋件、埋管、螺栓/屋面、吊顶、抹灰、门窗、饰面砖/施工缝/屏蔽网等）。

（10）××单位工程钢筋加工记录。

（11）××单位工程混凝土施工记录（浇筑通知单、搅拌记录、浇筑记录、设备基础灌浆记录、养护记录、同条件养护测温记录、冬期施工搅拌测温及养护测温记录、拆模申请、试块试验报告强度汇总评定等）。

（12）××单位工程焊接施工记录、结构吊装记录、中间验收记录。

（13）××单位工程施工试验记录（屋面淋/蓄水试验、排水管道通球灌水、给排水系统及卫生器具通水、给水系统清洗消毒、承压管道系统水压、通风空调调试、绝缘电阻、卫生器具满水、防水试水检查等试验记录）。

（14）××单位工程质量验收记录（单位（子单位）/分部/分项/检验批）。

主要单位工程：主控楼/继电保护室/主变压器基础及构支架/屋内配电装置系统构建筑物/屋外配电装置构建筑物/屋外电缆沟/电缆隧道/消防系统构建筑物/站用电系统构建筑物/围墙及大门/站内外道路/屋外场地/室外给排水及雨污水系统构建筑物（部分单项工程归档范围有差异的按照归档范围表执行）。

（15）绿化单位工程开工报审、施工记录、质量验收记录及养护记录。

（16）消防工程施工安装及调试记录（施工组织设计、方案及报审，开工报审，设备材料出厂文件及质量证明，隐蔽验收记录，管道清洗试压记录，接地电阻及线路绝缘电阻测试报告，安装调试记录，调试报告，单位/分部/分项质量验评记录，竣工报告及备品备件移交清单）。

（三）电气设备安装类（分类号：8405）

（1）电气安装工程开工报审及开复工令。

（2）电气安装工程施工质量检查验收项目范围划分及报审。

（3）电气安装工程材料出厂及质量证明文件（母线/电缆/绝缘子/金具/钢材/防火阻燃材料等数量清单、质量证明、合格证、自检结果、复试报告，耐张线夹液压试验报告等）。

（4）电气安装工程设备开箱申请、验收记录、缺陷通知单、处理单。

（5）××单位工程施工安装记录（开工报审，设备检查检验记录，安装及试验签证记录，隐蔽签证记录，单位/分部/分项工程质量验收记录表）（单位工程：主变压器系统/主控及直流/配电装置/组合电器/站用电/无功补偿）。

（6）全站电缆单位工程施工安装记录（开工报审，敷设记录，隐蔽签证，电缆中间接头位置记录，单位/分部/分项工程质量检查验收记录表）。

（7）全站防雷接地单位工程施工安装记录（开工报审，隐蔽签证，避雷针及引下线检查签证记录，接地电阻测量签证记录，单位/分部/分项工程质量检查验收记录表）。

（8）全站照明单位工程施工安装记录（开工报审，单位/分部/分项工程质量检查验收记录表，回路通电检查签证，绝缘电阻测试报告）。

（9）通信系统单位工程施工安装记录（开工报审，单位/分部/分项工程质量检查验收记录表，蓄电池充放电质量验收签证）。

（10）视频监控系统施工安装记录（施工方案，开工报审，设备材料质量证明文件，隐蔽验收，安装测试记录，单位/分部/分项工程质量检查验收记录表）。

（11）防误闭锁等其他电气装置施工安装记录。

（12）电气安装工程一次设备调试报告及报审（主变压器本体/套管/TA/气体继电器/温控器/局部放电/绕组/过电压，站用变压器，组合电器，断路器，开关，开关柜，TA，TV，电容器，电抗器，阻波器，避雷器，放电线圈，电缆等）。

（13）电气安装工程二次设备调试报告及报审（主压器/母差/线路/断路器/电抗电容器/站用变压器保护装置，主变压器屏继电器，主变压器无功补偿投切装置，继电器，解列装置，安控装置/故障录波/自动化测控单元/高频对调/带负荷测试/电压核相/二次通流通压/屏柜表计/计量表电能表/时间同步/“五防”/定值整定等）。

（14）电气安装工程特殊项目调试报告及报审（支柱绝缘子探伤，地网导通，回路电阻，接地网，其他）。

（15）电气安装工程油化、气体、压力表试验报告及变压器/组合电器/断路器/TA/TV/低压电抗器，各类表计测试、检验报告。

四、厂家设备资料管理重点（分类号：9401～9430）

厂家设备资料主要指设备装箱单、合格证、说明书及附图、出厂试验报告、其他。文本类电子档案必须从源头上达到双层 PDF/OFD 标准，照片插图平均单张大小不大于 40KB。设备安装图及其他附图电子档案必须从源头上达到 DWF/矢量图标准。

（1）主变压器、站用变压器（分类号：9401）。

（2）组合电器（分类号：9402）。

（3）断路器（分类号：9403）。

（4）开关柜（分类号：9404）。

（5）隔离开关、接地开关（分类号：9405）。

（6）电抗器、互感器、电容器、阻波器、滤波器、熔断器、晶闸管阀等。

（7）避雷接地（分类号：9407）。

（8）直流屏、直流分屏、逆变器屏、整流柜、蓄电池、不间断电源（UPS）、绝缘监测（分类号：9408）。

（9）并联补偿、调相机、消弧线圈（分类号：9409）。

（10）继电保护、端子箱、电源箱、配电箱、保护通信柜（分类号：9410）。

（11）自动装置（故障录波、安全稳定自动控制、自动解列）（分类号：9411）。

（12）电气仪表、测量柜、采集箱等（分类号：9412）。

（13）其他（分类号：9419）。

（14）通信蓄电池组（分类号：9420）。

（15）远动自动化（RTU、变送器、遥信、站内自动化、时钟同步、同步相量测量屏、电量采集、光纤复用接口柜、通信接口装置）（分类号：9421）。

（16）远程图像监控设备、计算机监控设备（分类号：9422）。

（17）其他甲供设备（分类号：9429）。

（18）甲供电缆合格证、检验报告（分类号：9429）。

（19）甲供构支架合格证、检验报告、变更及审批表（分类号：9429）。

（20）辅助系统（分类号：9430）。

五、监理单位档案管理重点

（一）施工技术管理类（分类号：8403）

（1）施工图设计交底纪要。

（2）施工图会检纪要。

（3）设计变更通知单汇总。

（二）验收类（分类号：8406）

竣工预验收申请、通知、方案、报告及整改反馈。

（三）项目管理类（分类号：8407）

（1）各项目部成立文件、主要人员资质及设计工代报审，各项目部印章启用文件。

（2）建设、监理、施工、勘察、设计法人授权书、工程质量终身承诺书。

（3）监理工程质量评价报告（照片插图平均单张大小不大于40KB）。

（4）监理工程数码照片。

（四）监理文件类（分类号：8408）

（1）水保监理规划及报审、监理实施细则、监理月报、专题报告、工作报告、工作总结。

（2）环保监理规划及报审、监理实施细则、监理月报、专题报告、工作报告、工作总结。

（3）监理规划及报审、监理实施细则、取样送检计划。

（4）监理旁站记录。

（5）监理平行检验记录。

（6）监理月报、监理日志。

（7）监理工作联系单。

（8）监理检查问题通知单及整改反馈单。

（9）安全质量事故报告、处理方案、处理结果（如有）。

（10）监理费支付及报审。

（11）工程预付款、进度款及报审、索赔处理。

（12）各阶段监理初检、业主中间验收申请、方案、通知、报告、整改闭环。

（13）业主及运行单位档案移交单。

六、设备监造文件管理重点（分类号：8408）

设备监造档案资料：文本类电子档案必须从源头上达到双层PDF/OFD标准，照片插图平均单张大小不大于40KB。

（1）设备监造规划、监造实施细则及报审。

（2）开工、复工报审、工程暂停令。

（3）监造见证表（原材及组部件、生产工艺过程、出厂试验和包装发运）及汇总。

（4）变更资料记录及索赔文件。

（5）会议纪要，监理通知单、工作联系单及回复。

（6）监造周报、及时报，监造工作总结。

第二节　输电线路工程

一、建管单位档案管理重点

（一）立项核准类（分类号：8200）

（1）项目核准文件、请示及报告、项目前期工作文件。

（2）资金计划、投资计划、进度计划、其他往来文件。

（3）路径选址意见书（含路径图）、占道许可、规划许可证等。

（4）用地预审批复、用地预审请示、用地预审意见。

（二）赔偿补偿类（分类号：8200）

（1）使用林地审核同意书、林木采伐许可证、林勘请示报批文件、占用林地面积确认单、林地林木补偿协议、付款凭证及发票（复印件、电子版）、赔偿明细表、汇总表。

（2）塔基占地补偿标准、赔偿协议、付款凭证及发票（复印件、电子版）、赔偿明细表、汇总表。

（3）房屋拆迁补偿标准、赔偿协议、付款凭证及发票（复印件、电子版）、赔偿明细表、汇总表。

（4）青苗补偿、树木砍伐补偿标准、赔偿协议、付款凭证及发票（复印件、电子版）、赔偿明细表、汇总表。

（5）文物普探或重点勘探赔偿协议、付款凭证及发票（复印件、电子版）。

（6）赔偿结算证明。

（三）合同及招投标类（分类号：8200）

（1）勘察设计合同及招投标文件（招标代理机构向业主单位移交招投评标文件）。

（2）监理合同及招投标文件（含施工监理、设计监理、环水保监理等）。

（3）施工合同及招投标文件（按标段顺序排列）。

（4）环保监测、水保监测合同及招投标文件。

（5）地脚螺栓、铁塔及防坠落、架线材料等物资合同及招投标文件（物资合同签订单位组卷移交业主）。

（6）设备监造合同及招投标文件（物资合同签订单位组卷移交业主）。

（7）进口设备材料报关文件、商检文件、索赔、缺陷处理等文件（按实际情况归档）。

（8）建设管理任务书，可研咨询合同。

（9）初设评审合同。

（10）质量监督合同。

（11）地震、地灾、压覆矿产评估合同。

（12）河道防洪合同。

（13）文物勘探合同。

（14）线路国家安全协议。

（15）林勘合同。

（16）环水保验收调查合同。

（17）专题报告委托合同。

（18）科研合同。

（19）技术服务合同。

（20）结算审核合同。

（21）审计合同。

（22）与矿业、公路、军事、民航、通信、铁路等签订的协议、其他零星合同（按实际情况可分类组成多卷）。

（四）可研类（分类号：8201）

（1）可研批复、评审意见、报告及附图、可研估算书（设计单位提供业主或由设计单位立卷）。

（2）环境影响报告书批复、请示、报告及附表、委托函。

（3）水土保持方案批复、请示、报告及附表、委托函。

（4）地质灾害危险性评估批复、报告及备案登记表、委托函。

（5）地震安全性评价批复、报告、委托函（按实际情况归档）。

（6）压覆矿产资源调查报告及批复、委托函。

（7）林勘报告及费用测算报告、委托函。

（8）文物勘探批复、报告、委托函。

（9）保护区行政主管部门批复、保护区生态论证报告、委托函。

（10）河道防洪批复、报告、委托函（按实际情况归档）。

（11）科研论证可研报告、专家评审意见、论证报告、其他专题研究报告及批复。

（五）初设类（分类号：8202）

（1）初步设计审查意见、请示及批复，初设收口评审意见，初设全套收口文件及附图，初设工作大纲。

（2）设计联络会会议纪要。

（六）验收结算类（分类号：8206）

（1）竣工验收申请、验收通知、验收方案、验收报告、整改反馈。

（2）启委会成立文件、调度命名文件、线路参数测试大纲及报告、启委会会议纪要、启动方案、启动验收签证书。

（3）竣工环保验收、水保验收、档案专项验收报告。

（4）工程结算报告及批复、结算审核报告，决算报告及批复、决算审计报告。

（七）项目管理类（分类号：8207）

（1）建设管理纲要。

（2）水保监测方案、报告；环保监测报告。

（3）第一次工地例会纪要、工程月度例会纪要、专题协调会纪要。

（4）工程总结（建管、监理、设计、施工）。

（5）达标投产、创优申报文件及命名文件。

（6）优质工程奖、优秀设计奖、科技成果、QC、专利、优秀项目部、新设备、新工艺、新技术、新材料等获奖文件、证书、奖杯等。

（7）项目档案管理卷（项目档案管理策划、档案收集整理情况说明、参建单位归档情况说明、档案工作总结（业主施工监理）、各参建单位运检档案移交单、档案交接单附整体案卷目录。

（8）工程数码照片。

（9）工程视频光盘（开工仪式、创优短片、总结汇报片等视频）。

（八）质量监督类（分类号：8208）

（1）质量监督申报书、注册证书。

（2）首检：检查申请、检查通知、专家意见书、整改反馈单、转序通知书。

（3）杆塔组立前阶段：检查申请、检查通知、专家意见书、整改反馈单、转序通知书。

（4）导地线架设前阶段：检查申请、检查通知、专家意见书、整改反馈单、转序通知书。

（5）投运前阶段：检查申请、检查通知、专家意见书、整改反馈单、转序通知书。

（6）质量监督总报告，其他。

二、设计单位档案管理重点

（一）设计基础类（分类号：8402）

工程地质勘测报告及附图，水文、气象、地震等设计基础资料。

（二）地质勘察、施工图类（分类号：8403）

（1）工程地勘报告、水文地勘报告。

（2）施工图预算书及评审意见。

（3）全套施工图（DWF 矢量图）。

（三）工程创优类（分类号：8407）

设计创优细则、强制性条文计划、强制性条文执行记录、质量通病防治、“三通一标”、“两型三新”等策划文件及报审（一般项目纳入可研初设文本或施工蓝图，创优工程按实际产生归档）。

（四）竣工图目录、编制说明类（分类号：8210）

竣工图总目录及编制说明等（双层 PDF/OFD 或 DWF 矢量图）。

（五）杆塔及基础竣工图（分类号：8211）

杆塔及基础竣工图（××设计院××部分（专业）第×卷第×册竣工图，DWF 矢量图）。

（六）机电安装竣工图（分类号：8212）

机电安装竣工图（××设计院××部分（专业）第×卷第×册竣工图，DWF 矢量图）。

三、施工单位档案管理重点

（一）开工前期类（分类号：8202）

××施工标段青苗赔偿标准、协议及汇总表、结算证明（按照合同范围）。

（二）施工文件类（分类号：8203）

（1）××施工标段项目管理实施规划。

（2）××施工标段××工程施工方案（一般方案、专项方案）及报审。

（3）××施工标段××施工技术交底记录。

（4）××施工标段工程进度计划、调整计划。

（5）××施工标段供货商、分包、试验单位、施工单位特殊工种资质及报审。

（6）××施工标段主要测量计量器具、试验设备检验证书及报审。

（7）××施工标段施工日志（××年××月至××年××月）。

（8）××施工标段设计变更单及报审、设计变更执行报验单及汇总。

（三）开工报审类（分类号：8204）

（1）××施工标段开工报审及开工令、暂停令、复工令。

（2）××施工标段质量验收范围划分表及报审；运行塔号与施工桩号对照表。

（四）土石方基础杆塔分项工程（分类号：8204）

（1）××施工标段土石方工程开工报审、（路径复测/分坑及开挖/土方回填）检验批质量验收记录、定位/交跨复测记录表。

（2）××施工标段基础分部工程开工报审、检验批质量验收记录。

（3）××施工标段基础分部工程地基验槽、灌注桩施工记录、混凝土开盘鉴定施工记录、钢筋电弧焊/机械连接施工检查记录、大体积混凝土测温养护记录、冬期施工混凝土搅拌测温/养护记录、隐蔽工程签证记录。

（4）××施工标段杆塔组立分部工程开工报审、检验批质量验收记录。

（五）质量控制类（分类号：8204）

（1）××施工标段水泥跟踪台账、出厂合格证、检验报告、复检报告及报审。

（2）××施工标段钢材跟踪台账、出厂质量证明（检验报告）、复试报告。

（3）××施工标段钢筋焊接/机械连接试验报告汇总表、试验报告及报审；焊条、接地模块、套筒等产品合格证及报审。

（4）××施工标段砂、石跟踪管理记录、试验报告及报审；非饮用水试验报告及报审。

（5）××施工标段商品混凝土出厂资料。

（6）××施工标段混凝土配合比试验报告、掺合料及外加剂试验报告。

（7）××施工标段砂浆配合比试验报告、砂浆抗压强度试验报告。

（8）××施工标段混凝土试块抗压汇总及强度评定表、试块抗压强度检测报告、同条件混凝土养护温度记录表。

（9）××施工标段桩基/土壤击实/灰土地基检测报告及报审。

（10）××施工标段地脚螺栓、插入式角钢等出厂证明文件及地脚螺栓跟踪及收发记录。

（11）××施工标段高强度螺栓抗滑移系数、连接副检测报告、杆塔拉线压接试拉报告。

（12）××施工标段防盗装置、承台爬梯等合格证及报审。

（13）××施工标段铁塔开箱申请及开箱检查记录。

（六）机电安装分项工程（分类号：8205）

（1）××施工标段架线分部工程开工报审。

（2）××施工标段导地线（OPGW）展放与连接/紧线施工检验批质量验收记录（最高、最新、最大和首次应用的新材料，留取 2m 作为实物档案）。

（3）××施工标段导地线接续管/耐张管施工检验批质量验收记录。

（4）××施工标段直线塔/耐张塔附件安装检验批质量验收记录。

（5）××施工标段 OPGW/ADSS 光缆安装检验批质量验收记录。

（6）××施工标段光缆接头/纤芯衰耗测试检验批质量验收记录。

（7）××施工标段对地、风偏开方对地距离记录表。

（8）××施工标段交叉跨越记录表。

（9）××施工标段导线、地线液压隐蔽签证记录。

（10）××施工标段开盘测试记录、光缆连续施工记录。

（11）××施工标段全程光纤传输损耗检查、光缆线路全程测试图形、光缆接头塔位明细表。

（12）××施工标段接地工程开工报审、接地工程施工记录、检验批质量验收表。

（13）××施工标段接地装置隐蔽工程签证记录。

（14）××施工标段线路防护设施分部工程开工报审、线路防护设施检验批质量验收表。

（15）××施工标段在线监测设备安装检查记录。

（七）试验报告（分类号：8205）

××施工标段导线压接握力试验报告及报审。

（八）乙供材料（分类号：8205）

××施工标段导地线、接地模块、绝缘子、金具开箱申请及开箱检查记录。

（九）声像类（分类号：8207）

××施工标段基础、组塔、架线施工等数码照片、视频光盘。

四、设备材料出厂文件管理重点（分类号：9200～9209）

文本类设备材料电子档案必须从源头上达到双层 PDF/OFD 标准，照片插图平均单张大小不大于 40KB。

（1）××施工标段铁塔合格证及质量检验报告（分类号：9200）。

（2）××施工标段地脚螺栓、插入式角钢产品出厂证明、试验报告（分类号：9200）。

（3）××施工标段导线合格证、出厂检验报告及型式试验报告（分类号：9201）。

（4）××施工标段地线合格证、出厂检验报告及型式试验报告（分类号：9201）。

（5）××施工标段绝缘子合格证、型式试验报告、第三方抽检报告（分类号：9202）。

（6）××施工标段金具合格证、出厂检验报告及型式试验报告（分类号：9202）。

（7）××施工标段光缆及金具合格证、出厂检验报告及型式试验报告、安装手册、光缆第三方抽检报告（分类号：9203）。

（8）××施工标段防坠落合格证、出厂检验报告及型式试验报告（分类号：9204）。

（9）××施工标段攀爬梯出厂资料、出厂证明、安装方案、安装记录（分类号：9204）。

（10）××施工标段在线监测合格证、出厂证明及试验报告（分类号：9205）。

（11）××施工标段障碍灯合格证、质量保证书及检验报告（分类号：9206）。

（12）××施工标段其他设备材料合格证、出厂检验报告及型式试验报告（分类号：9209）。

五、监理单位档案管理重点

（一）施工技术管理类（分类号：8203）

（1）监理×标施工图设计交底纪要。

（2）监理×标施工图会检纪要。

（3）监理×标设计变更通知单汇总。

（二）验收类（分类号：8206）

竣工预验收申请、方案、通知、报告、整改闭环。

（三）项目管理类（分类号：8207）

（1）各项目部成立文件、主要人员资质及设计工代报审，各项目部印章启用文件。

（2）建设、监理、施工、勘察、设计法人授权书、工程质量终身承诺书。

（3）监理×标工程质量评价报告。

（4）监理×标工程数码照片。

（四）监理文件类（分类号：8208）

（1）水保监理规划及报审、监理实施细则、监理月报、专题报告、工作报告、工作总结。

（2）环保监理规划及报审、监理实施细则、监理月报、专题报告、工作报告、工作总结。

（3）监理×标监理规划及报审、监理实施细则。

（4）监理×标基础、组塔、架线监理旁站记录。

（5）监理×标平行检验记录。

（6）监理质量检查、抽检记录、报告。

（7）监理×标监理月报、监理日志。

（8）监理×标监理工作联系单。

（9）监理×标检查问题通知单及整改反馈单。

（10）监理×标监理费及报审。

（11）××施工标段工程款支付及审批。

（12）各阶段监理初检、业主中间验收申请、方案、通知、报告、整改闭环。

（13）安全质量事故调查报告（如有）。

（14）监理×标移交业主及运行单位档案移交单。

六、设备监造文件管理重点（分类号：8208）

设备监造档案资料：文本类电子档案必须从源头上达到双层PDF/OFD标准，照片插图平均单张大小不大于40KB。

（1）设备监造规划、监造实施细则及报审。

（2）开工、复工报审、工程暂停令。

（3）试组装记录、出厂试验报告、抽样方案及记录、出厂见证单。

（4）变更资料记录及索赔文件。

（5）会议纪要，监理通知单、工作联系单及回复。

（6）监造周报、及时报，监造工作总结。

第八章　业主档案分类整理组卷规范

第一节　业主档案总体要求

一、业主档案的形成与积累

建设管理单位业主项目部管理工作贯穿项目前期、工程前期、工程建设、总结评价等四个阶段。

1. 项目前期阶段

项目前期阶段主要是指由发展部门负责的从可研到核准的工作，含立项、可研编制、可研审批、规划意见书、土地预审、核准等内容。本阶段业主项目部主要的文件收集积累工作是积极对接发展部门或项目前期工作部门，做好项目前期档案资料的收集，包括对应的原生电子版。

本阶段主要形成的归档文件材料有（包含但不限于）项目可研文件、项目选址、用地预审、专项评估报告、路径协议、各类物资非物资招投标文件、项目核准文件等，具体清单见《项目前期成果移交资料明细表》。项目初设评审前，业主项目部按照文件清单积极对接发展部门和前期工作部门，完成前期档案资料的收集。

2. 工程前期阶段

工程前期阶段主要是指项目核准——项目开工前，主要工作包括设计及监理招标、初步设计及评审、物资招标、施工图设计、施工招标、施工许可相关手续办理、四通一平、工程策划等内容。主要形成的归档文件材料有（包含但不限于）：

（1）勘察设计、施工监理、施工及物资等招投标文件、合同。

（2）初步设计评审、环评水保监理、环评水保监测及验收调查、林业勘察、等招投标文件、合同。

（3）建设、监理、设计、施工单位工程质量终身责任承诺书、法人授权书（监理组卷）。

（4）初步设计文件（含收口概算书），初步设计评审意见。

（5）前期策划文件。建设管理纲要。

（6）清赔文件。变电站征地、线路塔基占地、青苗补偿、房屋拆迁、电力设施改签等赔偿文件，包含有关政策支持文件、补偿标准、属地协调会议纪要、赔偿汇总表、赔偿协议、明细表、费用结算证明等。

（7）林业补偿。林勘报告、测算报告、征占用林地报批文件、林地林木补偿汇总表、明细表、协议等。

（8）行政许可。建设用地规划许可证、林地批准书、建设用地批准书、建设工程规划许可证、不动产权证、施工许可证等相关证件。

（9）质量监督。质量监督申报书、质量监督注册证书、质量监督首次检查申请、通知、大纲、专家意见书、整改回复、转序通知书。

（10）第一次工地例会纪要、第一次安委会会议纪要、设计联络会纪要、工程前期属地协调会议纪要等。

3. 工程建设阶段

工程建设阶段是指工程主体开工——竣工投产，业主项目部重点工作有进度计划管理、建设协调管理、安全质量过程管控等，主要形成的归档文件材料有（包含但不限于）：

（1）质量监督。各阶段质量监督检查申请、通知、大纲、专家意见书、整改回复、转序通知书，投运前质量监督检查报告等。

（2）竣工验收。竣工验收申请、方案、通知、整改闭环、验收报告。

（3）启动文件。启委会成立文件、启委会会议纪要；启动方案、调试大纲、报告；试运行、生产准备文件；保护定值设定文件、调度命名文件；启动验收签证书。

（4）照片、影像、实物。项目原始地貌、重大活动、试点仪式、施工图会检及设计交底等有关数码照片、视频录像；有关新材料、新工艺、新技术模型、样品实物。

4. 总结评价阶段

工程总结评价阶段是指工程竣工投产后，重点工作有工程总结、项目结算、决算、专项验收、产权证办理、档案归档、达标投产、工程创优等。主要形成的归档文件材料有（包含但不限于）：

（1）工程总结（含各参建单位）。

（2）竣工结算报告及批复、竣工结算审核报告。

（3）竣工决算报告及批复、竣工决算审计报告。

（4）环保、水保监测方案、报告等。

（5）消防、环保、水保、档案等专项验收申请、意见或报告。

（6）达标投产、工程创优：申报文件、命名文件；工程质量有关的检查评价报告；获奖及专利文件；奖状、奖牌、证书等实物档案。

二、归档文件质量基本要求

1. 采用统一表式

工程项目实施过程中形成的各类表格、资料统一使用《国家电网公司输变电工程项目部标准化手册》模板。该模板未包含的、有关标准规范未明确规定的档案资料表式，由工程业主或总牵监理明确统一模板。

2. 原件归档

所有归档文件必须为原件，签字及盖章手续完备，不得用机打或手签章等方式代替手工签字。因故用复制件归档时，应加盖复制件原件存放部门印章或档案证明章，确保复制件内容与原件一致并具有同等效力。

3. 书写材料

满足耐久性要求，不能用易褪色的书写材料（红色墨水、纯蓝墨水、铅笔、圆珠笔、复写纸等）书写、绘制。

4. 文件幅面

应为 A4 幅面（297mm×210mm），小于 A4 幅面的应粘贴在 A4 纸张上，装订册页边距至少 25mm。竣工图（包括附图）应采用国家标准图幅。

三、业主档案分类及组卷原则

项目档案整理组卷应遵循文件形成规律，保持卷内文件有机联系，项目前期、质量监督、竣工验收、试运行、评价等管理性文件，应按阶段、问题，结合来源、时间组卷。

工程项目文件组卷应遵循以下基本原则：

（1）内在联系性。保持项目文件的内在有机联系，是进行项目文件组卷的首要原则。卷内文件不是简单的任意组合或堆砌。

（2）合理性。项目文件组卷应保证形成的档案保管单位（案卷、件）内文件数量合理、分类合理、排序合理，才能便于检索和查找利用。因此具体操作中，应灵活掌握，根据具体情况合理划分。

（3）齐备性。工程项目文件的完整性、齐全性是项目档案的基本要求。反映同一主题、有内在联系的项目文件应当收集齐备并合理组卷，特别是涉及项目行政许可的法律性文件手续应当齐备。

项目文件的排序：项目文件按系统性、成套性特点进行案卷或卷内文件排列。管理性文件按问题，结合时间（阶段）或重要程度排列，问题、来源相同的案卷按时间的先后顺序排列。卷内文件一般文字在前，图样在后；译文在前，原文在后；正文在前，附件在后；印件在前，定（草）稿在后；复文在前，来文在后。

四、案卷题名撰写技巧

拟写原则：简明、准确、完整揭示卷内文件的内容，原则上控制在50个汉字以内，案卷题名一般不使用括号。

三段式结构：项目名称（总工程名称、单项工程、标段代号）+专业名称+卷内文件内容。

灵活调整原则：应根据案卷厚度、卷内文件内容动态调整案卷题名。当增加卷内文件时，亦相应增加案卷题名内容；当减少卷内文件时，亦相应减少案卷题名内容。

规范题名示例：酒泉—湖南±800kV特高压直流线路工程甘肃段施工7标专项施工方案及报审文件。

不规范题名示例：

（1）酒泉—湖南±800kV特高压直流输电线路工程施工方案。

（2）酒湖工程专项施工方案及报审（甘肃段施工7标）。

五、档案验收

严格执行《国家电网有限公司电网建设项目档案验收办法》（国家电网办〔2018〕1166号）。330kV及以上输变电建设工程，由省公司层面组织档案专项验收；35～110kV输变电建设工程和10kV及以下农网配电网、生产技改大修工程，由地市公司层面组织档案专项验收，省公司组织抽查。

第二节　变电工程档案分类整理组卷规范

35～750kV变电站工程业主档案分类整理组卷规范见表8-1。

表 8－1　　35～750kV 变电站工程业主档案分类整理组卷规范

类目号	案卷题名	卷内文件	立卷单位	保管期限	
				建设单位	运行单位
840	工程建设文件				
8400	前期管理				
8400	01×××变电站工程立项、核准、前期文件	1. 项目核准请示、报告、批复 2. 项目核准前期工作的文件	建设单位	永久	
8400	02×××变电站投资管理文件	1. 资金计划 2. 年度投资计划	建设单位	永久 30 年	
8400	03×××变电站前期往来文件	项目开工前往来文件	建设单位	永久	
8400	04×××变电站工程选址、规划、用地、消防、取水、砍伐、施工、报批等建设许可文件	1. 建设工程选址意见 2. 建设规划许可证 3. 建设用地规划许可证 4. 消防设计审核意见 5. 取水许可 6. 饮用水检测 7. 林地、树木砍伐许可 8. 施工许可证 9. 其他报批材料	建设单位	永久	
8400	05×××变电站工程用地预审文件	用地预审申请及预审意见	建设单位	永久	
8400	06×××变电站工程征地及补偿协议	1. 用地批准书及征、用地的请示文件 2. 国有土地使用证、红线图、房屋产权证或不动产证 3. 征地合同、协议，拆迁协议、树木砍伐补偿协议等	建设单位	永久	
8400	07×××变电站工程环评、水保合同	环评、水保合同 （电子档案专项条款：提供双层 PDF 文本图表档案级光盘）	建设单位	永久	
8400	08×××变电站工程设计合同	设计合同 （电子档案专项条款：设计单位提供双层 PDF 文本图表，DWF 矢量图或三维矢量图档案级光盘或移动硬盘）	建设单位	永久	
8400	09×××变电站工程监理合同	监理合同 （电子档案专项条款：监理单位提供双层 PDF 监理文本图表档案级光盘或移动硬盘）	建设单位	永久	
8400	10×××变电站工程施工承包合同	施工承包合同 （电子档案专项条款：施工单位提供双层 PDF 施工文本图表，DWF 矢量图或三维矢量图档案级光盘或移动硬盘）	建设单位	永久	
8400	12×××变电站工程设备监造招投标文件	设备监造合同 （电子档案专项条款：监督厂家提供双层 PDF 文本图表，DWF 设备矢量图档案级光盘或移动硬盘）	建设单位	永久	

续表

类目号	案卷题名	卷内文件	立卷单位	保管期限	
				建设单位	运行单位
8400	13×××变电站工程大件运输合同	大件运输合同 （电子档案专项条款：提供双层 PDF 文本图表档案级光盘）	建设单位	永久	
8400	14×××变电站工程其他招投标配套合同	其他合同 （电子档案专项条款：提供双层 PDF 文本图表档案级光盘或移动硬盘）	建设单位	永久	
8400	15×××变电站工程大件运输路径新建、改造、加固（红线范围内）协议、方案、函件	1. 设计、施工、监理委托协议 2. 与地方路政部门道路补偿协议 3. 与地方其他有关部门通行协议等 4. 大型设备运输方案、设备运输技术论证等	建设单位	永久	
8400	16×××变电站工程建设管理、技术咨询、技术服务、防灾防洪、四通一平、质量检测、关口计量、消防、结算、决算等其他合同、协议	1. 建设管理任务书 2. 技术咨询合同 3. 地震、地灾、防洪、压覆矿产资源评估、地勘、水文、林勘、文物等服务合同 4. 招标代理技术服务合同 5. 质量检测合同 6. 站外电源施工合同 7. 水源施工合同 8. 科研合同 9. 四通一平合同 10. 通信线路施工合同 11. 系统调试、调度、关口计量装置技术服务合同 12. 桩基试验技术服务合同 13. 消防合同 14. 结算、决算审核合同、协议 15. 其他合同协议	建设单位	永久	
8401	可行性研究				
8401	01×××变电站工程可行性研究报告、评审意见、委托函	1. 可行性研究报告评审意见 2. 可行性研究报告及附图 3. 可行性研究委托函	建设单位	永久	
8401	02×××变电站工程环境保护方案报告、批复、委托函	1. 环境影响报告书（表）的批复 2. 环境影响报告书（表） 3. 环境影响报告书（表）报送文件 4. 环境影响评价委托函	建设单位	永久	
8401	03×××变电站工程水土保持方案报告、批复、委托函	1. 水土保持方案报告书（表）的批复 2. 水土保持方案报告书（表） 3. 水土保持方案报告书（表）报送文件 4. 水土保持方案编制委托函	建设单位	永久	
8401	04×××变电站工程地质灾害评估报告、委托函	1. 建设用地地质灾害危险性评估报告 2. 建设用地地质灾害危险性评估报告委托函	建设单位	永久	
8401	05×××变电站工程地震安全性评价报告、委托函	1. 地震安全性评价报告 2. 地震安全性评价报告委托函	建设单位	永久	

续表

类目号	案卷题名	卷内文件	立卷单位	保管期限	
				建设单位	运行单位
8401	06×××变电站工程压覆矿产资源评估批复、报告、委托函	1. 压覆矿产资源评估批复 2. 压覆矿产资源评估报告 3. 压覆矿产资源评估报告委托函	建设单位	永久	
8401	07×××变电站工程河道防洪批复、报告、委托函	1. 河道防洪批复 2. 河道防洪报告 3. 河道防洪报告委托函	建设单位	永久	
8401	08×××变电站工程文物勘探批复、报告、委托函	1. 文物勘探批复 2. 文物勘探报告 3. 文物勘探报告委托函	建设单位	永久	
8401	09×××变电站工程科研论证报告、评审意见、批复	1. 单项专题可行性研究报告、专家评审意见 2. 咨询论证报告 3. 其他专题研究报告及批复	建设单位	永久	
8402	初步设计				
8402	01×××变电站工程初步设计	1. 初步设计审查意见、请示及批复 2. 初步设计全套文件及附图	建设单位	永久	
8403	施工图设计 施工技术管理				
8403	01×××变电站工程试桩大纲、报告、评审意见	试桩大纲、试桩报告及评审意见	建设单位	永久	永久
8406	竣工验收、启动				
8406	01×××变电站工程竣工验收	竣工验收 1. 建设管理单位提交竣工申请 2. 验收方案 3. 验收通知 4. 整改闭环 5. 验收报告	建设单位	永久	永久
8406	02×××变电站工程启动文件	1. 启委会成立文件、启委会会议纪要等 2. 启动方案、系统调试大纲、报告 3. 试运行、生产准备有关文件 4. 保护定值设定相关文件 5. 变电站命名和设备调度编号等 6. 启动验收证书	建设单位	永久	永久
8406	03×××变电站工程专项验收	1. 消防验收证书（消防验收申请及意见） 2. 环保专项验收 3. 水保专项验收 4. 其他专项验收等	建设单位	永久	
8406	05×××变电站工程结算	1. 竣工结算报告及批复 2. 竣工结算审核报告	建设单位	永久	

续表

类目号	案卷题名	卷内文件	立卷单位	保管期限	
				建设单位	运行单位
8406	06×××变电站工程决算	1. 竣工决算报告及批复 2. 竣工决算审计报告	建设单位	永久	
8407	工程管理				
8407	01×××变电站工程建设管理纲要	项目建设管理纲要	建设单位	永久	
8407	02×××变电站工程环保、水保监测及报审	1. 水保监测方案、报告等 2. 环保监测报告等	建设单位	永久	
8407	03×××变电站工程业主、设计、监理、施工等工程总结	工程总结（建设管理、设计、监理、施工单位）	建设单位	永久	
8407	04×××变电站工程达标投产、工程评优	1. 达标投产、工程创优申报文件及命名文件 2. 设计、监理单位对工程质量的检查、评价报告 3. 相关获奖、专利文件	建设单位	永久	
8407	05×××变电站工程业主、设计、施工、制造等特殊载体档案	1. 照片、视频、音像等 2. 新材料、新技术、新设备模型及实物档案	相关单位	永久	
8407	06×××变电站工程档案管理卷	1. 项目概况 2. 标段划分 3. 档案管理策划方案及工作总结 4. 参建单位归档情况说明 5. 档案收集整理情况说明 6. 交接清册等项目档案管理情况的有关材料	建设单位	永久	
8408	工程监理、质量监督、设备监造				
8408	×××变电站工程质量监督检查记录	1. 质量监督申报书、注册登记表 2. 首次质监检查通知、质量监督检查专家意见书、整改回复单、质量监督转序通知书 3. 土建工程质监检查通知、质量监督检查专家意见书、整改回复单、质量监督转序通知书 4. 电气工程质监检查通知、质量监督检查专家意见书、整改回复单、质量监督转序通知书 5. 投运前质量监督检查通知、质量监督检查报告、并网通知书 6. 质量事故调查和处理报告	建设单位	永久	永久

第三节　输电线路工程档案分类整理组卷规范

35～750kV 输电线路工程业主档案分类整理组卷规范见表 8-2。

表 8-2　　35～750kV 输电线路工程业主档案分类整理组卷规范

类目号	案卷题名	卷内文件	立卷单位	保管期限	
				建设单位	运行单位
8200/8500	前期管理				
8200/8500	×××输电线路工程立项、核准、前期文件	1. 项目核准请示、报告、批复 2. 项目核准前期工作的文件	建设单位	永久	
8200/8500	×××输电线路工程投资管理文件	1. 资金计划 2. 年度投资计划	建设单位	永久 30 年	
8200/8500	×××输电线路工程前期往来文书	项目开工前往来文件	建设单位	永久	
8200/8500	×××输电线路工程建设路径选址、用地规划等许可文件	1. 路径选址意见书 2. 建设用地规划许可证（隧道） 3. 占道许可 4. 其他报批材料	建设单位	永久	
8200/8500	×××输电线路工程用地预审文件	用地预审申请及预审意见	建设单位	永久	
8200/8500	×××输电线路工程征地及赔偿协议、土地证	1. 土地使用证、红线图 2. 建设征、占用林地审批材料、动拆迁政府补偿标准 3. 塔基占地协议及汇总 4. 树木砍伐协议及汇总、使用林地审核同意书 5. 房屋拆迁协议及汇总 6. 青苗赔偿协议及汇总 7. 封航协议（大跨越） 8. 施工补偿费用结算证明 9. 其他赔偿协议	建设单位	永久	
8200/8500	×××输电线路工程（××标段）环评、水保合同	环评、水保合同 （电子档案专项条款：提供双层 PDF 文本图表档案级光盘或移动硬盘）	建设单位	永久	
8200/8500	×××输电线路工程（××标段）设计合同	设计合同 （电子档案专项条款：设计单位提供双层 PDF 文本图表，DWF 矢量图或三维矢量图档案级光盘或移动硬盘）	建设单位	永久	
8200/8500	×××输电线路工程（××标段）水保、环保合同	水保、环保监理合同 （电子档案专项条款：监理单位提供双层 PDF 监理文本图表档案级光盘或移动硬盘）	建设单位	永久	
8200/8500	×××输电线路工程（××标段）监理合同	监理合同 （电子档案专项条款：监理单位提供双层 PDF 监理文本图表档案级光盘或移动硬盘）	建设单位	永久	
8200/8500	×××输电线路工程监造合同	监造合同 （电子档案专项条款：监督厂家提供双层 PDF 文本图表，DWF 设备矢量图档案级光盘或移动硬盘）	建设单位	永久	

续表

类目号	案卷题名	卷内文件	立卷单位	保管期限	
				建设单位	运行单位
8200/8500	×××输电线路工程施工（××标段）承包合同	施工承包合同 （电子档案专项条款：施工单位提供双层PDF施工文本图表，DWF矢量图或三维矢量图档案级光盘或移动硬盘）	建设单位	永久	
8200/8500	×××输电线路工程其他招投标配套合同	其他合同 （电子档案专项条款：提供双层PDF文本图表档案级光盘或移动硬盘）	建设单位	永久	
8200/8500	×××输电线路工程进口设备材料报关、商检、索赔、缺陷处理文件	1. 进口设备材料报关文件 2. 进口设备材料商检文件 3. 索赔等文件 4. 缺陷处理文件	建设单位	永久	
8200/8500	×××输电线路工程建设管理、技术咨询、防灾防洪、设备监造、质量检测、科研、林勘、结算、审计、决算等其他合同、协议	1. 建设管理任务书 2. 技术咨询合同 3. 地震、地灾、压覆矿产资源评估、河道防洪、文物勘探等合同 4. 招标代理技术服务合同 5. 设备监造合同 6. 质量检测合同 7. 线路参数测试合同 8. 环保、水保验收技术咨询服务合同 9. 结算、决算、审核合同 10. 咨询论证合同 11. 专题报告委托合同 12. 科研合同 13. 林勘合同 14. 其他合同协议	建设单位	永久	
8201/8501	可行性研究				
8201/8501	×××输电线路工程路径方案、报告、评审意见、审批文件	1. 路径选线启动文件 2. 路径方案报告，路径方案评审意见、审批文件	建设单位	永久	
8201/8501	×××输电线路工程环境保护方案、批复、委托函	1. 环境影响报告书（表）的批复 2. 环境影响报告书（表） 3. 环境影响报告书（表）报送文件 4. 环境影响评价评价委托函	建设单位	永久	
8201/8501	×××输电线路工程水土保持方案、批复、委托函	1. 水土保持方案报告书（表）的批复 2. 水土保持方案报告书（表） 3. 水土保持方案报告书（表）报送文件 4. 水土保持方案编制委托函	建设单位	永久	
8201/8501	×××输电线路工程地质灾害评估、审查、委托函	1. 建设用地地质灾害危险性评估报告及审查意见 2. 建设用地地质灾害危险性评估报告委托函	建设单位	永久	
8201/8501	×××输电线路工程地震安全性评价报告、审查、委托函	1. 地震安全性评价报告及审查意见 2. 地震安全性评价报告委托函	建设单位	永久	

续表

类目号	案卷题名	卷内文件	立卷单位	保管期限	
				建设单位	运行单位
8201/8501	×××输电线路工程压覆矿产报告、批复、委托函	1. 压覆矿产资源评估批复 2. 压覆矿产资源评估报告 3. 压覆矿产资源评估报告委托函	建设单位	永久	
8201/8501	×××输电线路工程河道防洪报告、批复、委托函	1. 河道防洪批复 2. 河道防洪报告 3. 河道防洪报告委托函	建设单位	永久	
8201/8501	×××输电线路工程文物勘探报告、批复、委托函	1. 文物勘探批复 2. 文物勘探报告 3. 文物勘探报告委托函	建设单位	永久	
8201/8501	×××输电线路工程大跨越航道申请、批复	1. 跨越航道批复 2. 跨越航道申请	建设单位	永久	
8201/8501	×××输电线路工程科研论证报告、评审	1. 单项专题可行性研究报告、专家评审意见 2. 咨询论证报告 3. 其他专题研究报告及批复	建设单位	永久	
8206/8506	竣工验收、启动				
8206/8506	×××输电线路工程竣工验收申请、方案、整改、报告	启动（竣工）验收 1. 建设管理单位提交竣工申请 2. 验收方案 3. 验收通知 4. 整改闭环 5. 验收报告	建设单位	永久	永久
8206/8506	×××输电线路工程启动方案、测试大纲、测试报告、试运行、生产准备、调度命名、验收证书文件	1. 启委会成立文件、启委会会议纪要 2. 启动方案、线路参数测试大纲、测试报告、光缆通道测试报告 3. 试运行、生产准备有关文件 4. 调度范围命名 5. 启动验收证书	建设单位	永久	永久
8206/8506	×××输电线路工程环保、水保、其他专项验收记录、文件	1. 环保专项验收 2. 水保专项验收 3. 其他专项验收等	建设单位	永久	
8206/8506	×××输电线路工程竣工结算报告、审核报告、批复	1. 竣工结算报告及批复 2. 竣工结算审核报告	建设单位	永久	
8206/8506	×××输电线路工程竣工决算报告、审计报告、批复	1. 竣工决算报告及批复 2. 竣工决算审计报告	建设单位	永久	
8207/8507	工程管理文件				
8207/8507	×××输电线路工程项目建设管理纲要	项目建设管理纲要	建设单位	永久	
8207/8507	×××输电线路工程水保监测及报审	水保监测方案、报告等	建设单位	永久	

续表

类目号	案卷题名	卷内文件	立卷单位	保管期限	
				建设单位	运行单位
8207/8507	×××输电线路工程业主、设计、监理、施工等单位工程总结	工程总结（建设管理、设计、监理、施工等单位）	建设单位	永久	
8207/8507	×××输电线路工程达标投产工程创优及报审、结果文件	1. 达标投产、工程创优申报文件及命名文件 2. 设计、监理单位对工程质量的检查、评价报告 3. 相关获奖、专利文件	建设单位/监理单位	永久	
8207/8507	×××输电线路工程业主、设计、施工、制造单位特殊载体档案	1. 照片、视频、音像等 2. 新材料、新技术、新设备模型、实物档案等	相关单位	永久	
8207/8507	×××输电线路工程档案管理卷	1. 项目概况 2. 标段划分 3. 档案管理策划方案及工作总结 4. 参建单位归档情况说明 5. 档案收集整理情况说明 6. 交接清册等项目档案管理情况的有关材料	建设单位	永久	
8208/8508	工程监理、质量监督、设备监造				
8208/8508	×××输电线路工程质量监督检查记录	1. 质量监督申报书、注册登记表 2. 首次质监检查通知、质量监督检查专家意见书、整改回复单、质量监督转序通知书 3. 铁塔组立前质监检查通知、质量监督检查专家意见书、整改回复单、质量监督转序通知书 4. 架线前质监检查通知、质量监督检查专家意见书、整改回复单、质量监督转序通知书 5. 投运前质量监督检查通知、质量监督检查报告、并网通知书 6. 质量事故调查和处理报告	建设单位	永久	永久

第九章　招标档案分类整理组卷规范

第一节　招标档案总体要求

招标档案是与项目相关的招投标采购活动中形成的具有保存价值的全部文件材料，所载内容应当真实、准确完整，与采购活动实际相符合，具有有效追溯凭证作用。

一、归档责任

项目有关的招投评标文件是项目档案的重要组成部分，按照建设项目档案管理规定，应纳入项目档案统一整理归档。

根据《国家电网公司电网建设项目档案管理办法》（国家电网办〔2018〕1166号）、《国家电网公司采购活动文件材料归档整理移交管理细则》[国网（物资4）243—2017]，国家电网公司总部直接组织进行的特高压及跨区电网建设项目采购活动归档文件材料，应当向建设项目档案管理单位进行移交，并根据需要向项目法人单位移交相关档案；国家电网公司总部集中组织的其他采购活动归档文件材料向项目法人单位移交归档。各省公司组织招标的，由其招标代理机构负责相应采购活动归档文件的整理、组卷，向委托单位档案管理部门指定的档案接收和保管单位进行移交；必要时，还应当向项目运行单位同时进行移交。

二、整理要求

招标采购活动归档的纸质文件应当字迹清晰，图标整洁，签字盖章手续完备。书写字迹符合耐久性要求。

生成环境、制发流程、生效签署、校验措施、安全防护、参数要素等符合国家规定的原生电子文件，并通过真实性、完整性、可用性、安全性检测的，可仅以电子形式归档。招标采购档案的电子文件（包含全套的纸质文件的电子版和原生电子文件），应上传工程矢量馆平台1套，同时以档案级光盘存储线下移交2套。

省公司集中统一归档的招标采购档案由招标代理机构按照《国家电网公司采购档案整理规范》进行整理移交。

具体工程项目的招标采购档案，由招标代理机构按照工程项目管理单位统一的组卷方案进行整理，随工程项目档案一并归档。

工程项目文件组卷应遵循以下基本原则：

1. 内在联系性

保持项目文件的内在有机联系，是进行项目文件组卷的首要原则。卷内文件不是简单的任意组合或堆砌。

2. 合理性

项目文件组卷应保证形成的档案保管单位（案卷、件）内文件数量合理、分类合理、排序合理，才能便于检索和查找利用。因此具体操作中，应灵活掌握，根据具体情况合理划分。

3. 齐备性

工程项目文件的完整性、齐全性是项目档案的基本要求。反映同一主题、有内在联系的项目文件应当收集齐备并合理组卷，特别是涉及项目行政许可的法律性文件手续应当齐备。

项目文件的排序：项目文件按系统性、成套性特点进行案卷或卷内文件排列。管理性文件按问题，结合时间（阶段）或重要程度排列，问题、来源相同的案卷按时间的先后顺序排列。卷内文件一般文字在前，图样在后；译文在前，原文在后；正文在前，附件在后；印件在前，定（草）稿在后；复文在前，来文在后。

第二节　变电工程招标档案分类整理组卷规范

35～750kV变电站工程招标档案分类整理组卷规范见表9－1。

表9－1　　35～750kV变电站工程招标档案分类整理组卷规范

类目号	案卷题名	卷内文件	立卷单位	保管期限	
				建设单位	运行单位
840	工程建设文件				
8400	前期管理				
8400	07×××变电站工程环评、水保招投标文件	1. 招标公告（投标邀请函）及审批手续（电子档案约定条款：提供双层PDF文本图表档案级光盘）	招标机构	30年	

续表

<table>
<tr><th rowspan="2">类目号</th><th rowspan="2">案卷题名</th><th rowspan="2">卷内文件</th><th rowspan="2">立卷单位</th><th colspan="2">保管期限</th></tr>
<tr><th>建设单位</th><th>运行单位</th></tr>
<tr><td rowspan="2">8400</td><td rowspan="2">07×××变电站工程环评、水保招投标文件</td><td>2. 招标文件及澄清、修改函件
3. 评标委员会组建审批手续
4. 投标文件的送达、收取记录</td><td rowspan="2">招标机构</td><td>30 年</td><td rowspan="2"></td></tr>
<tr><td>5. 中标人的投标文件及其澄清回复函件
6. 评标报告
7. 定标记录、会议纪要
8. 推荐的中标候选人公示及其异议和答复
9. 中标通知书</td><td>永久</td></tr>
<tr><td rowspan="2">8400</td><td rowspan="2">08×××变电站工程设计招投标文件</td><td>1～4 参照环评、水保招投标文件
（电子档案约定条款：提供双层 PDF 文本图表,DWF 矢量图或三维矢量图档案级光盘或移动硬盘）</td><td rowspan="2">招标机构</td><td>30 年</td><td rowspan="2"></td></tr>
<tr><td>5～9 参照环评、水保招投标文件</td><td>永久</td></tr>
<tr><td rowspan="2">8400</td><td rowspan="2">09×××变电站工程监理招投标文件</td><td>1～4 参照环评、水保招投标文件
（电子档案约定条款：提供双层 PDF 文本图表档案级光盘或移动硬盘）</td><td rowspan="2">招标机构</td><td>30 年</td><td rowspan="2"></td></tr>
<tr><td>5～9 参照环评、水保招投标文件</td><td>永久</td></tr>
<tr><td rowspan="2">8400</td><td rowspan="2">10×××变电站工程施工招投标文件</td><td>1～4 参照环评、水保招投标文件
（电子档案约定条款：提供双层 PDF 文本图表,DWF 矢量图或三维矢量图档案级光盘或移动硬盘）</td><td rowspan="2">招标机构</td><td>30 年</td><td rowspan="2"></td></tr>
<tr><td>5～9 参照环评、水保招投标文件</td><td>永久</td></tr>
<tr><td rowspan="2">8400</td><td rowspan="2">11×××变电站工程设备材料（含进口设备材料）招投标文件</td><td>1～4 参照环评、水保招投标文件
（电子档案约定条款：提供双层 PDF 文本图表，DWF 设备矢量图档案级光盘或移动硬盘）</td><td rowspan="2">招标机构</td><td>30 年</td><td rowspan="2"></td></tr>
<tr><td>5～9 参照环评、水保招投标文件
10. 设备、材料供货合同、技术协议及合同清单
（电子档案专项条款：厂家提供双层 PDF 装箱单、合格证、出厂试验报告、使用说明书及 DWF 设备矢量附图档案级光盘或移动硬盘）</td><td>永久</td></tr>
<tr><td rowspan="2">8400</td><td rowspan="2">12×××变电站工程设备监造招投标文件</td><td>1～4 参照环评、水保招投标文件
（电子档案约定条款：提供双层 PDF 文本图表，DWF 设备矢量图档案级光盘或移动硬盘）</td><td rowspan="2">招标机构</td><td>30 年</td><td rowspan="2"></td></tr>
<tr><td>5～9 参照环评、水保招投标文件</td><td>永久</td></tr>
<tr><td rowspan="2">8400</td><td rowspan="2">13×××变电站工程大件运输招投标文件</td><td>1～4 参照环评、水保招投标文件
（电子档案约定条款：提供双层 PDF 文本图表档案级光盘）</td><td rowspan="2">招标机构</td><td>30 年</td><td rowspan="2"></td></tr>
<tr><td>5～9 参照环评、水保招投标文件</td><td>永久</td></tr>
<tr><td rowspan="2">8400</td><td rowspan="2">14×××变电站工程其他招投标文件</td><td>1～4 参照环评、水保招投标文件
（电子档案约定条款：提供双层 PDF 文本图表，DWF 矢量图档案级光盘或移动硬盘）</td><td rowspan="2">招标机构</td><td>30 年</td><td rowspan="2"></td></tr>
<tr><td>5～9 参照环评、水保招投标文件</td><td>永久</td></tr>
</table>

第三节　输电线路工程招标档案分类整理组卷规范

35～750kV 输电线路工程招标档案分类整理组卷规范见表 9－2。

表 9－2　　35～750kV 输电线路工程招标档案分类整理组卷规范

类目号	案卷题名	卷内文件	立卷单位	保管期限	
				建设单位	运行单位
820/850	综合				
8200/8500	前期管理				
8200/8500	×××输电线路工程环评、水保招投标文件	1. 招标公告（投标邀请函）及审批手续（电子档案约定条款：提供双层 PDF 文本图表档案级光盘） 2. 招标文件及澄清、修改函件 3. 评标委员会组建审批手续 4. 投标文件的送达、收取记录	招标机构	30 年	
		5. 中标人的投标文件及其澄清回复函件 6. 评标报告 7. 定标记录、会议纪要 8. 推荐的中标候选人公示及其异议和答复 9. 中标通知书		永久	
8200/8500	×××输电线路工程设计招投标文件	1～4 参照环评、水保招投标文件（1～4）（电子档案约定条款：提供双层 PDF 文本图表，DWF 矢量图或三维矢量图档案级光盘或移动硬盘）	招标机构	30 年	
		5～9 参照环评、水保招投标文件（5～9）		永久	
8200/8500	×××输电线路工程水保、环保监理招投标文件	1～4 参照环评、水保招投标文件（1～4）（电子档案约定条款：提供双层 PDF 文本图表档案级光盘或移动硬盘）	招标机构	30 年	
		5～9 参照环评、水保招投标文件（5～9）		永久	
8200/8500	×××输电线路工程监理招投标文件	1～4 参照环评、水保招投标文件（1～4）（电子档案约定条款：提供双层 PDF 文本图表档案级光盘或移动硬盘）	招标机构	30 年	
		5～9 参照环评、水保招投标文件（5～9）		永久	
8200/8500	×××输电线路工程监造招投标文件	1～4 参照环评、水保招投标文件（1～4）（电子档案约定条款：提供双层 PDF 文本图表，DWF 设备矢量图档案级光盘或移动硬盘）	招标机构	30 年	
		5～9 参照环评、水保招投标文件（5～9）		永久	
8200/8500	×××工程施工招投标文件(含 OPGW 接续工程)	1～4 参照环评、水保招投标文件（1～4）（电子档案约定条款：提供双层 PDF 文本图表，DWF 矢量图或三维矢量图档案级光盘或移动硬盘）	招标机构	30 年	
		5～9 参照环评、水保招投标文件（5～9）		永久	

续表

类目号	案卷题名	卷内文件	立卷单位	保管期限	
				建设单位	运行单位
8200/8500	×××输电线路工程铁塔、导地线、绝缘子等招投标文件	1～4 参照环评、水保招投标文件（1～4） （电子档案约定条款：提供双层 PDF 文本图表，DWF 设备矢量图档案级光盘或移动硬盘）	招标机构	30 年	
		5～9 参照环评、水保招投标文件（5～9） 10. 供货合同、技术协议、合同清单 （电子档案专项条款：厂家提供双层 PDF 产品合格证、出厂证明、试验报告及 DWF 设备矢量附图档案级光盘或移动硬盘）		永久	
8200/8500	×××输电线路工程 OPGW 及附件招投标文件	1～4 参照环评、水保招投标文件（1～4） （电子档案约定条款：提供双层 PDF 文本图表，DWF 设备矢量图档案级光盘或移动硬盘）	招标机构	30 年	
		5～9 参照环评、水保招投标文件（5～9） 10. 供货合同、技术协议、合同清单 （电子档案专项条款：厂家提供双层 PDF 产品合格证、出厂证明、试验报告及 DWF 设备矢量附图档案级光盘或移动硬盘）		永久	
8200/8500	×××输电线路工程其他招投标文件	1～4 参照环评、水保招投标文件（1～4） （电子档案约定条款：提供双层 PDF 文本图表，DWF 矢量图档案级光盘或移动硬盘）	招标机构	30 年	
		5～9 参照环评、水保招投标文件（5～9）		永久	

第十章　设计档案分类整理组卷规范

第一节　设计档案总体要求

一、勘察设计文件的形成

勘察设计单位在工程全过程主要形成并负责组卷归档的文件资料有：工程地质勘测报告及附图，水文、气象、地震等设计基础资料；工程地勘报告、水文地勘报告；施工图预算书及评审意见；全套施工图（电子版）；竣工图总目录、竣工图编制说明及全套竣工图纸；设计创优细则、强条计划、强条执行记录、质量通病防治、三通一标、两型三新等策划文件及报审（一般项目纳入可研初设文本或施工蓝图，创优工程按实际归档）。

二、竣工图编制要求

工程竣工时，设计单位或施工单位应按合同约定编制竣工图。

竣工图由设计单位编制的，应符合下列规定：

（1）应重新绘制全套图纸。

（2）新绘制的图纸卷册编号和图纸流水号、图纸图标同原施工图，其中“设计阶段”栏由“施工图设计”改为“竣工图编制”，相应代字由“S”改为“Z”。

（3）应在卷册说明、图纸目录和竣工图上逐张加盖监理单位相关责任人审核签字的竣工图审核章（见图 10-1）。

竣工图由施工单位编制的，应符合下列规定：

（1）按施工图施工没有变更的，在未使用过的施工图上逐张加盖监理单位和施工单位相关责任人审核签字的竣工图章（见图 10-2），直接将施工图转化为竣工图。不得使用复印的白图编制竣工图。

（2）凡一般性图纸变更且能在原施工图上修改补充的，可直接在未使用过的

原施工图上修改，并加盖监理单位和施工单位相关责任人审核签字的竣工图章（见图 10-2），将修改后的施工图转化为竣工图。在修改处应注明修改依据文件的名称、编号和条款号，无法用图形、数据表达清楚的，应在图纸图标附近用文字说明。

（3）有下述情形之一的均应重新绘制竣工图：涉及结构形式、工艺、平面布置、项目等重大改变；图面变更面积超过 20%；合同约定对所有变更均需重绘或变更超过合同约定比例。

施工单位重新绘制的竣工图，图纸图标中图纸编号同原施工图，“设计阶段”栏由“施工图设计”改为“竣工图编制”，相应代字由“S”改为“Z”。同时，图纸图标中还应包含施工单位名称、图纸名称、编制人、审核人、图号、比例尺、编制日期等标识项，并逐张加盖监理单位相关责任人审核签字的竣工图审核章（见图 10-1）。

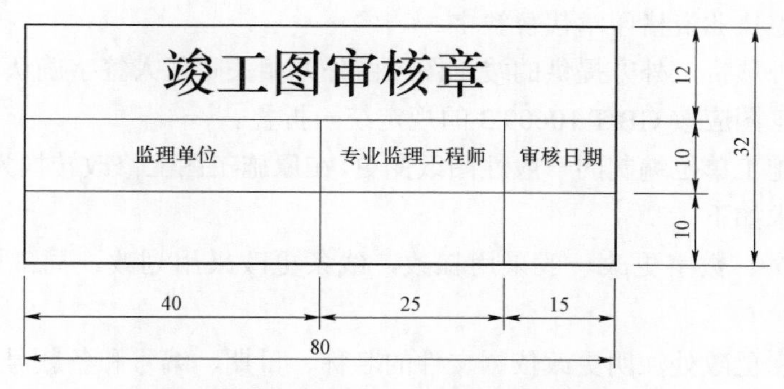

图 10-1　竣工图审核章（长度单位：mm）

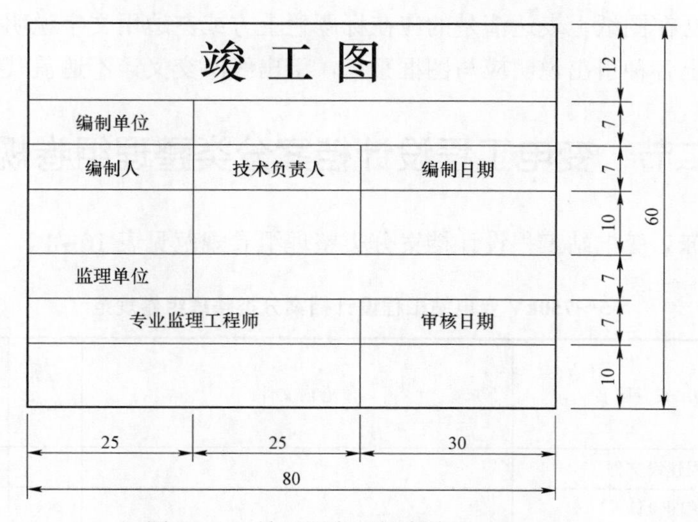

图 10-2　竣工图章（长度单位：mm）

竣工图编制完成后，监理单位应对竣工图编制的完整、准确、系统和规范情况进行审核主要审核内容如下：

（1）竣工图编制单位应将设计变更、工程联系单、材料变更等涉及变更的全部文件汇总并经施工方（供应商）确认、监理审核后，作为竣工图编制的依据。

（2）应编制竣工图总说明、卷册说明和图纸目录。竣工图编制总说明的内容应包括：竣工图涉及的工程概况、编制人员、编制时间、编制依据、编制方法、变更情况、竣工图张数和套数等。各卷册说明应附有本册图纸的“修改清单表”，表中应详细列出“变更通知单”清单编号，无修改的卷册应注明“本卷无修改”。

（3）竣工图章或竣工图审核章应使用红色印泥，盖在图纸图标附近空白处，章中的内容应填写齐全、清楚，并由相关责任人签字，不得代签；经项目建设单位同意，可盖执业资格印章代替签字。

（4）涉外项目，外方提供的竣工图应由外方相关责任人签字确认。

（5）竣工图应按 GB/T 10609.3 的规定统一折叠。

对于由施工单位编制的一般性图纸变更，在原施工图上修改转换为竣工图的，图纸更改要求如下：

（1）文字、数字更改一般采用杠改，线条更改采用划改，局部图形更改可以圈改。

（2）应在更改处注明更改依据文件的名称、日期、编号和条款号。如在修改处引出线标注“见设计变更通知单第×号第×条”。

（3）无法在图纸上表达清楚的应在标题栏上方或左边用文字说明。

（4）图上各种引出说明应与图框平行，引出线不交叉，不遮盖其他线条。

第二节　变电工程设计档案分类整理组卷规范

35～750kV 变电站工程设计档案分类整理组卷规范见表 10－1。

表 10－1　　35～750kV 变电站工程设计档案分类整理组卷规范

类目号	案卷题名	卷内文件	立卷单位	保管期限	
				建设单位	运行单位
840	工程建设文件				
8403	施工图设计 施工技术管理				

续表

类目号	案卷题名	卷内文件	立卷单位	保管期限	
				建设单位	运行单位
8403	03×××变电站地质详勘及施工图预算审查文件	1. 工程地质（岩土）勘察报告、水文地质勘察报告 2. 施工图预算书及审核意见	设计单位	永久	永久
		3. 全套施工图（电子版，DWF 矢量图）	设计单位	30 年	
8407	05×××变电站工程业主、设计、施工、制造等特殊载体档案	1. 照片、视频、音像等 2. 新材料、新技术、新设备模型及实物档案	相关单位	永久	
841	竣工图				
8410	×××变电站工程竣工图综合（总交）	竣工图总目录及编制说明等 （电子档案：设计单位移交双层 PDF 文本图表，DWF 矢量图或三维矢量图档案级光盘或移动硬盘）	设计单位	永久	永久
8411	×××变电站工程土建竣工图	竣工图 （电子档案：设计单位移交双层 PDF 文本图表，DWF 矢量图或三维矢量图档案级光盘或移动硬盘）	设计单位	永久	永久
8412	×××变电站工程水工竣工图	竣工图 （电子档案：设计单位移交双层 PDF 文本图表，DWF 矢量图或三维矢量图档案级光盘或移动硬盘）	设计单位	永久	永久
8413	×××变电站工程暖通竣工图	竣工图 （电子档案：设计单位移交双层 PDF 文本图表，DWF 矢量图或三维矢量图档案级光盘或移动硬盘）	设计单位	永久	永久
8414	×××变电站工程电气一次竣工图	竣工图 （电子档案：设计单位移交双层 PDF 文本图表，DWF 矢量图或三维矢量图档案级光盘或移动硬盘）	设计单位	永久	永久
8415	×××变电站工程电气二次竣工图	竣工图 （电子档案：设计单位移交双层 PDF 文本图表，DWF 矢量图或三维矢量图档案级光盘或移动硬盘）	设计单位	永久	永久
8416	×××变电站工程继电保护竣工图	竣工图 （电子档案：设计单位移交双层 PDF 文本图表，DWF 矢量图或三维矢量图档案级光盘或移动硬盘）	设计单位	永久	永久
8417	×××变电站工程通信竣工图	竣工图 （电子档案：设计单位移交双层 PDF 文本图表，DWF 矢量图或三维矢量图档案级光盘或移动硬盘）	设计单位	永久	永久

续表

类目号	案卷题名	卷内文件	立卷单位	保管期限	
				建设单位	运行单位
8418	×××变电站工程远动竣工图	竣工图 （电子档案：设计单位移交双层 PDF 文本图表，DWF 矢量图或三维矢量图档案级光盘或移动硬盘）	设计单位	永久	永久
8419	×××变电站工程其他（站外电源等）竣工图	竣工图 （电子档案：设计单位移交双层 PDF 文本图表，DWF 矢量图或三维矢量图档案级光盘或移动硬盘）	设计单位	永久	永久

第三节　输电线路工程设计档案分类整理组卷规范

35～750kV 输电线路工程设计档案分类整理组卷规范见表 10－2。

表 10－2　　35～750kV 输电线路工程设计档案分类整理组卷规范

类目号	案卷题名	卷内文件	立卷单位	保管期限	
				建设单位	运行单位
820/850	综合				
8201/8501	可行性研究				
8201/8501	01×××输电线路工程可行性研究报告、评审意见、委托函	1. 可行性研究报告评审意见 2. 可行性研究报告及附图（电子版 DWF 矢量图） 3. 可行性研究委托函	设计单位	永久	
8202/8502	初步设计				
8202/8502	01×××输电线路工程地质勘测、水文、气象、地震等设计基础文件	1. 工程地质勘测报告及附图（电子版 DWF 矢量图） 2. 水文、气象、地震等设计基础资料	勘察设计单位	永久	
8202/8502	02×××输电线路工程初步设计大纲、审查意见、全套文件及图纸、请示、批复	1. 初步设计审查意见、请示及批复 2. 初步设计全套文件及图纸 3. 初步设计收口评审意见 4. 初步设计全套收口文件及附图（电子版 DWF 矢量图） 5. 初步设计工作大纲	设计单位	永久	
8203/8503	施工设计及管理				

续表

<table>
<tr><th rowspan="2">类目号</th><th rowspan="2">案卷题名</th><th rowspan="2">卷内文件</th><th rowspan="2">立卷单位</th><th colspan="2">保管期限</th></tr>
<tr><th>建设单位</th><th>运行单位</th></tr>
<tr><td rowspan="2">8203/8503</td><td rowspan="2">03×××输电线路工程地质详勘及施工图预算审查</td><td>1. 工程地质（岩土）勘察报告、水文地质勘察报告
2. 施工图预算书</td><td>设计单位</td><td>永久</td><td>永久</td></tr>
<tr><td>3. 全套施工图（电子版，DWF 矢量图）</td><td>设计单位</td><td>30 年</td><td></td></tr>
<tr><td>8207/8507</td><td>工程管理文件</td><td></td><td></td><td></td><td></td></tr>
<tr><td>8207/8507</td><td>05×××输电线路工程业主、设计、施工、制造等特殊载体档案</td><td>1. 照片、视频、音像等
2. 新材料、新技术、新设备模型及实物档案</td><td>相关单位</td><td>永久</td><td></td></tr>
<tr><td>821/851</td><td>竣工图</td><td></td><td></td><td></td><td></td></tr>
<tr><td>8210</td><td>×××输电线路工程竣工图综合部分</td><td>竣工图总目录及编制说明等
（电子档案：设计单位移交双层 PDF 文本图表，DWF 矢量图或三维矢量图档案级光盘或移动硬盘）</td><td>设计单位</td><td>永久</td><td>永久</td></tr>
<tr><td>8211</td><td>×××输电线路工程杆塔、基础竣工图</td><td>竣工图
（电子档案：设计单位移交双层 PDF 文本图表，DWF 矢量图或三维矢量图档案级光盘或移动硬盘）</td><td>设计单位</td><td>永久</td><td>永久</td></tr>
<tr><td>8212</td><td>×××输电线路工程机电安装竣工图</td><td>竣工图
（电子档案：设计单位移交双层 PDF 文本图表，DWF 矢量图或三维矢量图档案级光盘或移动硬盘）</td><td>设计单位</td><td>永久</td><td>永久</td></tr>
</table>

第十一章　施工档案分类整理组卷规范

第一节　施工档案总体要求

一、施工档案的形成与组卷方式

建设工程施工档案主要包含项目承包范围内施工管理与质量验收、施工技术、施工测量、施工物资、施工试验、施工记录等全过程档案资料。

施工文件区分单项工程、单位工程或装置、阶段、结构、专业组卷。按照开工报审文件、质量验评文件、施工记录、原材料质量证明文件、试验文件等顺序进行组卷。原材料质量证明文件，应按种类及进货时间组卷。设备厂家资料按专业、厂家、台件组卷。

线路工程施工过程文件先区分标段，再按分部分项工程组卷，如图 11－1 所示。

变电工程先区分专业，再按单位工程组卷，如图 11－2 所示。

注：不同专业、单位工程施工过程不同、形成的档案资料略有差异，具体整理过程中以归档范围表为准。

物资供应商按要求提供工程设备材料出厂文件纸质版与电子版，并负责整理、组卷，由施工单位整体移交归档。电气设备出厂资料主要包含设备装箱单、合格证、说明书及附图、出厂试验报告、其他；线路工程装置性材料出厂资料主要包含合格证、质量检验报告、试验报告、型式试验报告、第三方抽检报告等，材料类型不同资料略有差异。

二、工程项目文件组卷应遵循的基本原则

1. 内在联系性

保持项目文件的内在有机联系，是进行项目文件组卷的首要原则。卷内文件不是简单的任意组合或堆砌。

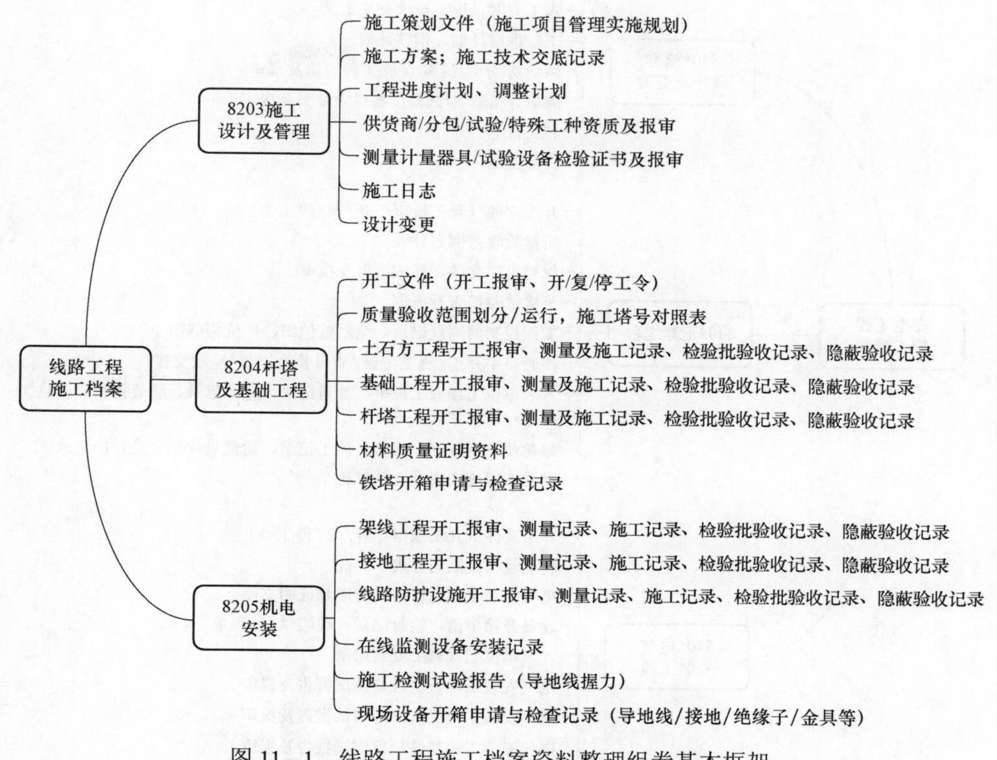

图 11－1 线路工程施工档案资料整理组卷基本框架

2. 合理性

项目文件组卷应保证形成的档案保管单位（案卷、件）内文件数量合理、分类合理、排序合理，才能便于检索和查找利用。因此具体操作中，应灵活掌握，根据具体情况合理划分。

3. 齐备性

工程项目文件的完整性、齐全性是项目档案的基本要求。反映同一主题、有内在联系的项目文件应当收集齐备并合理组卷，特别是涉及项目行政许可的法律性文件手续应当齐备。

项目文件的排序：项目文件按系统性、成套性特点进行案卷或卷内文件排列。管理性文件按问题，结合时间（阶段）或重要程度排列，问题、来源相同的案卷按时间的先后顺序排列。卷内文件一般文字在前，图样在后；译文在前，原文在后；正文在前，附件在后；印件在前，定（草）稿在后；复文在前，来文在后。

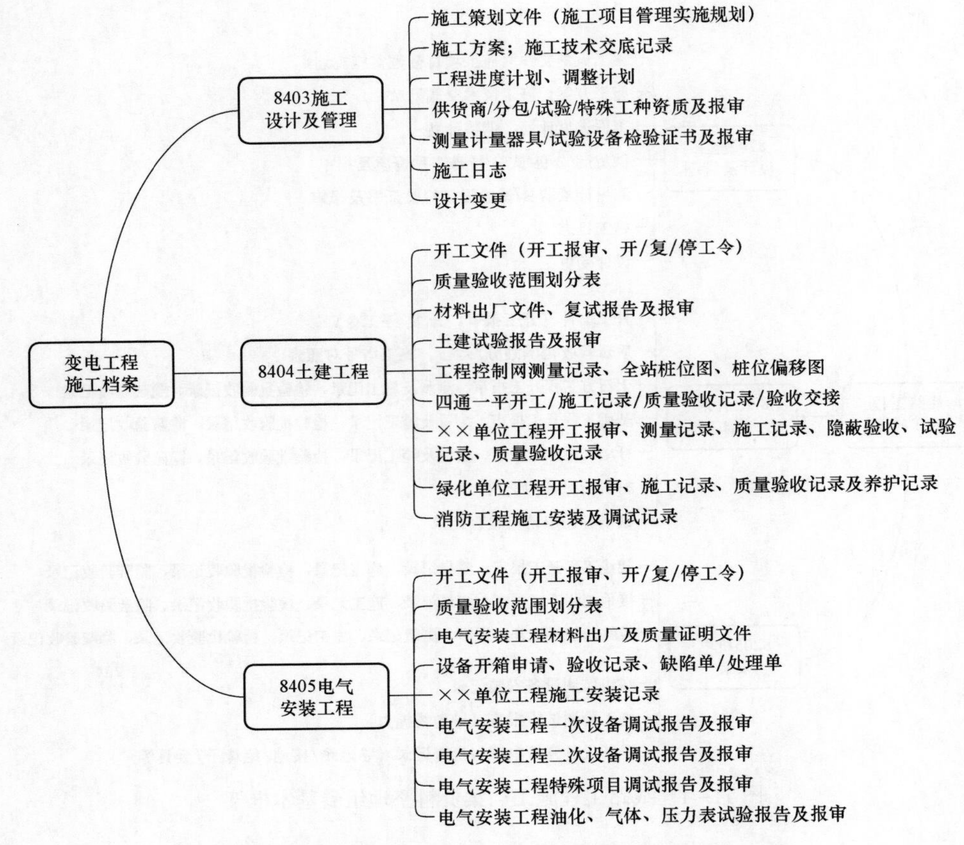

图 11－2　变电工程施工档案资料整理组卷基本框架

三、案卷题名撰写技巧

拟写原则：简明、准确、完整揭示卷内文件的内容，原则上控制在 50 个汉字以内，案卷题名一般不使用括号。

三段式结构：项目名称（总工程名称、单项工程、标段代号）+ 专业名称 + 卷内文件内容。

灵活调整原则：应根据案卷厚度、卷内文件内容动态调整案卷题名。当增加卷内文件时，亦相应增加案卷题名内容；当减少卷内文件时，亦相应减少案卷题名内容。

规范题名示例：酒泉—湖南±800kV 特高压直流线路工程甘肃段施工 7 标专项施工方案及报审文件。

不规范题名示例：1. 酒泉—湖南±800kV 特高压直流输电线路工程施工方案。

2. 酒湖工程专项施工方案及报审（甘肃段施工7标）。

四、档案验收

严格执行《国家电网有限公司电网建设项目档案验收办法》（国家电网办〔2018〕1166号）。330kV及以上输变电建设工程，由省公司层面组织档案专项验收；35～110kV输变电建设工程和10kV及以下农网配电网、生产技改大修工程，由地市公司层面组织档案专项验收，省公司组织抽查。

第二节　变电工程施工档案分类整理组卷规范

35～750kV变电站工程施工档案分类整理组卷规范见表11－1。

表11－1　　35～750kV变电站工程施工档案分类整理组卷规范

类目号	案卷题名	卷内文件	立卷单位	保管期限	
				建设单位	运行单位
840	工程建设文件				
8403	施工图设计 施工技术管理				
8403	04×××变电站工程施工管理及报审	1. 项目管理实施规划 2. 施工方案（一般方案、专项方案） 3. 施工技术交底记录 4. 工程进度计划、调整计划	施工单位	永久	永久
		5. 施工日志	施工单位	30年	
8403	05×××变电站工程资质、设备及报审	1. 供货商、分包、试验单位及施工单位特殊工种资质 2. 主要测量计量器具/试验设备检验报审	施工单位	30年	
8403	06×××变电站工程设计变更及报审	1. 工程设计变更单及审批表 2. 工程设计变更执行报验	施工单位	永久	永久
8404	土建施工				
8404	01×××变电站工程开工及报审	开工报审及开工令、暂停令、复工令	施工单位	永久	永久
8404	02×××变电站工程施工质量检验及评定范围划分	1. 施工质量验收及评定范围划分及报审 2. 施工现场质量管理检查记录	施工单位	永久	永久
8404	03×××变电站工程材料出厂文件、复试报告及报审、报验	1. 构、配件、成品、半成品出厂质量证明、检验报告 2. 钢筋、水泥、商品混凝土、砂浆配合比试验报告、外加剂出厂质量证明等、复试报告及跟踪记录	施工单位	30年	30年

续表

类目号	案卷题名	卷内文件	立卷单位	保管期限	
				建设单位	运行单位
8404	03×××变电站工程材料出厂文件、复试报告及报审、报验	3. 砂、碎石或卵石检验报告 4. 防水、防火、保温材料等出厂质量证明、检验报告 5. 其他施工物资（砌体、门窗、玻璃、石材、饰面砖、涂料、粘结材料、焊接材料等）出厂文件、检验报告 6. 建筑电气设备合格证、出厂文件	施工单位	30年	30年
8404	04×××变电站工程土建试验报告及报审、报验	1. 桩基检测报告 2. 第三方沉降观测检测报告 3. 钢筋焊接（连接）试验报告及钢筋接头模拟焊接（连接）试验报告 4. 钢结构摩擦面的抗滑移系数检测报告 5. 高强度螺栓连接副试验报告 6. 回填土、压实系数检测报告 7. 室内环境检测 8. 结构实体钢筋保护层厚度检测报告 9. 见证取样记录 10. 其他	施工单位	永久	永久
8404	05×××变电站工程土建施工综合记录	1. 工程控制网测量记录 2. 全站桩位图、桩位偏移图	施工单位	永久	永久
8404	06×××变电站工程场平、站外道路、站外给排水、桩基、等单位工程施工及验收记录	1. 单位工程开工报审 2. 场平施工记录 3. 站外给排水施工记录 4. 地基处理及桩基施工记录 5. 场平、站外给排水、桩基、分部、分项及检验批质量验收记录 6. 场平、桩基、桥梁、涵洞单位（子单位）工程质量竣工验收 6.1 单位（子单位）工程质量竣工验收记录 6.2 单位（子单位）工程质量控制资料核查记录 6.3 单位（子单位）工程安全和功能检验资料核查及主要功能抽查记录 6.4 单位（子单位）工程建筑物观感质量检查记录 7.“四通一平”工程验收交接证书	施工单位	永久	永久
8404	07×××变电站工程主控楼（综合楼）单位工程测量、桩基、隐蔽工程施工及验收记录	1. 单位工程开工报审 2. 测量施工记录 2.1 工程定位测量记录 2.2 建筑物垂直度、标高、全高测量记录 3. 地基处理 3.1 重锤夯实试夯记录、重锤夯实施工记录 3.2 强夯施工记录、强夯施工汇总记录 3.3 土壤击实试验报告、回填土试验报告 4. 桩基施工记录 4.1 成孔施工记录 4.2 浇筑记录	施工单位	永久	永久

续表

类目号	案卷题名	卷内文件	立卷单位	保管期限	
				建设单位	运行单位
8404	07×××变电站工程主控楼（综合楼）单位工程测量、桩基、隐蔽工程施工及验收记录	5. 隐蔽工程验收记录 5.1　地基验槽记录 5.2　钢筋工程隐蔽验收记录 5.3　地下混凝土隐蔽工程验收记录 5.4　地下防水、防腐工程隐蔽验收记录 5.5　预埋件、埋管、螺栓隐蔽会签单 5.6　屋面、吊顶、抹灰、门窗、饰面砖隐蔽验收记录 5.7　施工缝隐蔽验收记录 5.8　屏蔽网隐蔽验收记录 5.9　其他 6. 钢筋加工记录 7. 混凝土施工记录 7.1　混凝土浇筑通知单 7.2　混凝土搅拌记录 7.3　混凝土工程浇筑施工记录 7.4　设备基础（构件接头）灌浆施工记录 7.5　混凝土养护记录 7.6　同条件混凝土养护、测温记录 7.7　冬期施工混凝土搅拌测温记录 7.8　冬期施工混凝土工程养护测温记录 7.9　混凝土预制件（管）蒸汽养护测温记录 7.10　拆模申请 7.11　单位工程混凝土试块试验报告强度汇总评定表 7.12　其他 8. 焊接施工记录（钢结构、屋面跳线架等）、结构吊装记录、中间验收记录 9. 施工试验记录 9.1　建筑物屋面淋（蓄）水试验记录 9.2　排水管道通球、灌水试验记录 9.3　给、排水系统、卫生器具通水试验记录 9.4 给水系统清洗、消毒记录 9.5　承压管道系统（设备）水压试验记录 9.6　通风空调调试、绝缘电阻试验记录 9.7　卫生器具满水试验记录 9.8　防水工程试水检查记录 10. 分部、分项及检验批质量验收记录 11. 单位（子单位）工程质量竣工验收记录 11.1　单位（子单位）工程质量竣工验收记录 11.2　单位（子单位）工程质量控制资料核查记录 11.3　单位（子单位）工程安全和功能检验资料核查及主要功能抽查记录 11.4　单位（子单位）工程建筑物（构筑物）观感质量检查记录	施工单位	永久	永久
8404	08×××变电站工程继保室单位工程施工及验收记录	参照主控楼	施工单位	永久	永久

续表

类目号	案卷题名	卷内文件	立卷单位	保管期限	
				建设单位	运行单位
8404	09×××变电站工程主变压器基础及构支架单位工程施工记录	1. 参照主控楼 2. 构架立柱、钢梁安装记录；钢结构架预拼装记录	施工单位	永久	永久
8404	10×××变电站工程屋内配电装置系统建、构筑物单位工程施工记录	1. 参照主控楼 2. 设备基础（构件接头）灌浆施工记录	施工单位	永久	永久
8404	11×××变电站工程屋外配电装置构筑物单位工程施工记录	1. 参照主控楼 2. 构架立柱、钢梁安装记录；钢结构架预拼装记录 3. 避雷针检查及安装记录 4. 围栏制作及安装记录	施工单位	永久	永久
8404	12×××变电站工程屋外电缆沟单位工程施工及验收记录	参照主控楼	施工单位	永久	永久
8404	13×××变电站工程电缆隧道单位工程施工及验收记录	参照主控楼	施工单位	永久	永久
8404	14×××变电站工程消防系统建、构筑物单位工程施工及验收记录	参照主控楼	施工单位	永久	永久
8404	15×××变电站工程站用电系统建、构筑物单位工程施工及验收记录	1. 参照主控楼 2. 站用变压器基础及构支架安装记录	施工单位	永久	永久
8404	16×××变电站工程围墙及大门单位工程施工及验收记录	参照主控楼	施工单位	永久	永久
8404	17×××变电站工程站内、外道路单位工程施工及验收记录	参照主控楼	施工单位	永久	永久
8404	18×××变电站工程屋外场地工程单位工程施工及验收记录	1. 参照主控楼 2. 电气照明系统通电检测记录及全负荷运行记录；绝缘电阻、接地电阻性能测试记录	施工单位	永久	永久
8404	19×××变电站工程室外给排水及雨污水系统建、构筑物单位工程施工及验收记录	1. 参照主控楼 2. 混凝土预制管道加工及安装记录 3. 承压管道系统（设备）严密性水压试验记录、非承压管道灌水试验记录、给水管道通水试验记录、给水系统清洗记录；阀门强度及严密性试验记录	施工单位	永久	永久
8404	20×××变电站工程生产、生活辅助建筑单位工程施工及验收记录	1. 参照主控楼 2. 行车安装调试记录	施工单位	永久	永久

续表

类目号	案卷题名	卷内文件	立卷单位	保管期限	
				建设单位	运行单位
8404	21×××变电站工程绿化单位工程及验收施工记录	1. 开工报审 2. 绿化工程施工记录 3. 绿化工程质量验收记录 4. 绿化工程养护记录	施工单位	永久	永久
8404	22×××变电站工程消防工程施工安装、调试记录	1. 施工组织设计、方案及报审 2. 单位工程开工报审 3. 设备材料出厂文件、质量证明及报审 4. 隐蔽验收记录 5. 管道清（吹）洗、试加压记录 6. 室外消防给水管清（吹）洗、试加压记录 7. 接地电阻、线路绝缘电阻测试报告 8. 设备安装及调试运行记录 9. 调试报告 10. 消防系统单位工程质量验评记录 11. 水喷淋系统安装分部、分项工程质量验评记录 12. 火灾报警系统安装分部、分项工程质量验评记录 13. 竣工报告及备品备件移交清单	施工单位	永久	永久
8405	电气设备安装				
8405	01×××变电站工程开工及报审	开工报审及开工令、暂停令、复工令	施工单位	永久	永久
8405	02×××变电站工程质量验收及评定范围表与报审	施工质量验收及评定范围划分及报审	施工单位	永久	永久
8405	03×××变电站工程材料出厂文件、试验报告及报审、报验	1. 管母、母线、电缆、绝缘子、金具、钢材、防火阻燃材料等数量清单、质量证明、合格证、自检结果、复试报告 2. 耐张线夹液压试验报告 3. 其他	施工单位	30年	30年
8405	04×××变电站工程设备开箱、缺陷处理综合记录	1. 设备开箱申请、记录，设备缺陷通知单及缺陷处理报验 2. 设备开箱业主、施工、监理、厂家、档案等签字手续	施工单位	永久	永久
8405	05×××变电站工程主变压器系统设备单位工程施工安装记录	1. 单位工程开工报审 2. 主变压器运输冲击记录 3. 主变压器破氮前氮气压力检查记录 4. 主变压器绝缘油试验记录 5. 主变压器气体继电器检验记录 6. 主变压器器身检查隐蔽前签证记录 7. 主变压器冷却器密封试验签证记录 8. 主变压器真空注油及密封试验签证记录 9. 主变压器系统设备安装单位工程质量验评表	施工单位	永久	永久

续表

类目号	案卷题名	卷内文件	立卷单位	保管期限	
				建设单位	运行单位
8405	05×××变电站工程主变压器系统设备单位工程施工安装记录	10. 主变压器安装分部、分项工程质量验评表 11. 主变压器系统附属设备安装分部、分项工程质量验评记录 12. 主变压器带电试运分部、分项工程质量验评	施工单位	永久	永久
8405	06×××变电站工程主控及直流系统设备安装单位工程施工记录	1. 单位工程开工报审表 2. 蓄电池充电、放电记录及特性曲线 3. 蓄电池组技术参数测量记录 4. 蓄电池组充放电检查签证 5. 变压器气体继电器检验记录 6. 主控及直流系统设备安装单位工程质量验评记录 7. 主控室设备安装分部、分项工程质量验评表 8. 蓄电池组安装分部、分项工程质量验评表	施工单位	永久	永久
8405	07×××变电站工程配电装置安装单位工程施工记录	1. 单位工程开工报审表 2. 新 SF_6 气体抽样检验记录 3. 断路器调整记录 4. 隔离开关、负荷开关调整记录 5. 配电装置安装单位工程质量验评记录 6. 主母线及旁路母线分部、分项工程质量验评记录 7. 电压互感器及避雷器安装分部、分项工程质量验评记录 8. 进出线、分段、母联及旁路间隔安装分部、分项工程质量验评记录 9. 构架安装分部、分项工程质量验评记录 10. 配电装置安装带电试运签证	施工单位	永久	永久
8405	08×××变电站工程组合电器安装单位工程施工记录	1. 单位工程开工报审表 2. 新 SF_6 气体抽样检验记录 3. 封闭式组合电器安装及调整记录 4. 封闭式组合电器隔气室气体密封试验记录 5. 封闭式组合电器隔气室气体湿度检测记录 6. 断路器微水记录及检漏记录 7. 封闭式组合电器安装单位工程质量验评记录 8. 组合电器检查安装分部、分项工程质量验评记录 9. 配套设备安装分部、分项工程质量验评记录 10. 就地控制设备安装分部验评、分项工程质量验评记录 11. 组合电器带电试运分部工程质量检验评定（签证）	施工单位	永久	永久

续表

类目号	案卷题名	卷内文件	立卷单位	保管期限	
				建设单位	运行单位
8405	09×××变电站工程站用配电装置安装单位工程施工记录	1. 单位工程开工报审表 2. 绝缘油试验记录 3. 气体继电器检验记录 4. 冷却器密封试验签证 5. 变压器器身检查隐蔽前签证 6. 真空注油及密封试验签证 7. 站用高压配电装置 母线检查隐蔽前（签证）记录 8. 站用低压配电装置 母线隐蔽前检查（签证）记录 9. 站用低压配电装置安装单位工程质量验评记录 10. 工作变压器安装、分部工程质量验评记录 11. 备用变压器分部、分项工程质量验评记录 12. 配电柜分部、分项工程质量验评记录 13. 站用低压配电装置安装分部、分项工程质量验评记录 14. 系统设备带电试运签证	施工单位	永久	永久
8405	10×××变电站工程无功补偿装置安装单位工程施工记录	1. 单位工程开工报审 2. 电抗器绝缘油试验记录 3. 电抗器器身检查隐蔽前签证 4. 电抗器真空注油及密封试验签证 5. 电容器组安装签证 6. 组合式油浸电容器安装签证 7. 无功补偿装置安装单位工程质量验评记录 8. 电抗器安装分部、分项工程质量验评记录 9. 电容器间隔安装分部、分项工程质量验评记录 10. 电容器组带电试运签证	施工单位	永久	永久
8405	11×××变电站工程全站电缆单位工程施工安装记录	1. 单位工程开工报审 2. 35kV 及以上电缆敷设记录 3. 电缆敷设记录 4. 直埋电缆（隐蔽前）检查签证 5. 电缆中间接头位置记录 6. 全站电缆单位工程质量验评记录 7. 电缆管配制敷设分部、分项工程质量验评记录 8. 电缆架制作及安装分部、分项工程质量验评记录 9. 电缆敷设分部、分项工程质量验评记录 10. 电力电缆终端及中间接头制作及安装分部、分项工程质量验评记录 11. 控制电缆终端制作及安装分部、分项工程质量验评记录 12. 光纤敷设及终端制作分部、分项工程质量验评记录 13. 电缆防火与阻燃分部、分项工程质量验评记录	施工单位	永久	永久

续表

类目号	案卷题名	卷内文件	立卷单位	保管期限	
				建设单位	运行单位
8405	12×××变电站工程全站防雷及接地单位工程施工安装记录	1. 单位工程开工报审表 2. 屋外接地装置隐蔽前检查（签证）记录 3. 避雷针及接地引下线检查（签证）记录 4. 接地电阻（局部）测量签证记录 5. 全站防雷及接地单位工程质量验评记录 6. 避雷针及接地引下线安装分部、分项工程质量验评记录 7. 接地装置安装分部、分项工程质量验评记录 8. 避雷线安装分部、分项工程质量验评记录	施工单位	永久	永久
8405	13×××变电站工程全站电气照明单位工程施工安装记录	1. 单位工程开工报审表 2. 全站照明单位工程质量验评记录 3. 屋外开关站照明安装分部、分项工程质量验评记录 4. 屋外开关站照明回路通电检查签证 5. 屋外道路照明安装分部、分项工程质量验评记录 6. 屋外道路照明回路通电检查签证 7. 屋外照明灯具、草坪灯具的绝缘电阻测试报告	施工单位	永久	永久
8405	14×××变电站工程通信系统单位工程施工安装记录	1. 单位工程开工报审表 2. 通信设备单位工程质量验评记录 3. 通信设备安装分部、分项工程质量验评记录 4. 通信蓄电池组充放电质量验收签证	施工单位	永久	永久
8405	15×××变电站工程视频监控系统施工安装记录	1. 施工方案 2. 单位工程开工报审 3. 设备材料出厂文件、质量证明 4. 隐蔽工程验收记录 5. 安装测试记录 6. 视频监控系统单位工程质量验评记录 7. 摄像机探头安装分部、分项工程质量验评记录 8. 电视监视器系统安装分部、分项工程质量验评记录 9. 二次回路检查及接线分部、分项工程质量验评记录 10. 监视器安装分部、分项工程质量验评记录 11. 报警器安装分部、分项工程质量验评记录	施工单位	永久	永久
8405	16×××变电站工程其他电气装置施工安装记录	1. 微机防误闭锁系统设备安装文件 2. 其他	施工单位	永久	永久
8405	17×××变电站工程一次设备调试报告及报审	1. 主变压器本体试验报告 2. 主变压器套管试验报告 3. 主变压器套管电流互感器试验报告（三侧、中性点）	施工单位	永久	永久

续表

类目号	案卷题名	卷内文件	立卷单位	保管期限	
				建设单位	运行单位
8405	17×××变电站工程一次设备调试报告及报审	4. 主变压器气体继电器检验报告 5. 主变压器温度控制器校验报告 6. 主变压器局部放电、绕组变试验报告、主变压器投切过电压测试报告 7. 站用变压器试验报告 8. 组合电器试验报告 9. SF_6 断路器试验报告 10. 开关柜内设备试验报告 11. 隔离开关试验报告 12. 电流互感器试验报告 13. 电压互感器试验报告 14. 电容器组试验报告 15. 耦合电容器试验报告 16. 电抗器试验报告 17. 阻波器试验报告 18. 避雷器试验报告 19. 放电线圈试验报告 20. 电缆试验报告 21. 其他一次设备试验报告	施工单位	永久	永久
8405	18×××变电站工程二次设备调试报告及报审	1. 主变压器保护调试报告 2. 主变压器屏继电器试验报告 3. 主变压器无功补偿投切装置报告 4. 母差保护调试报告 5. 线路保护调试报告 6. 断路器保护调试报告 7. 继电器试验报告 8. 电抗器保护调试报告 9. 电容器保护调试报告 10. 站用变压器保护调试报告 11. 自动解列装置试验报告 12. 安全控制装置（自动解列、远方切机、备自投等）试验报告及报审 13. 故障录波器试验报告 14. 自动化调试报告（主变压器、线路、母联、分段、母线、公用等测控单元调试报告） 15. 线路高频对调报告 16. 带负荷测试试验报告 17. 电压核相试验报告 18. 二次通流通压试验报告 19. 交流屏、直流屏、逆变器屏、UPS 屏表计报告 20. 关口计量表试验报告、电能表试验报告 21. GPS 时间同步调试报告（保护装置、测控装置） 22. 微机“五防”装置试验报告 23. 设备及系统保护定值整定记录及审批文件 24. 其他二次设备（消弧线圈、短引线保护、收发信机、通信接口装置、接地变压器保护、操作箱、微机消谐装置等）调试报告	施工单位	永久	永久

续表

类目号	案卷题名	卷内文件	立卷单位	保管期限	
				建设单位	运行单位
8405	19×××变电站工程特殊项目调试报告及报审	1. 支柱绝缘子探伤报告 2. 地网导通试验报告（点对点试验报告） 3. 回路电阻测试报告 4. 全站接地网测试报告 5. 其他特殊项目试验报告	施工单位	永久	永久
8405	20×××变电站工程油化、气体、压力表试验报告及报审	1. 变压器油化报告 2. 组合电器油化报告 3. 断路器油化报告 4. 电流互感器油化报告 5. 电压互感器油化报告 6. 低抗油化报告 7. 气体、压力表、各类表计测试、检验报告	施工单位	永久	永久
8405	21×××变电站工程通信设备调试报告及报审	1. 光缆试验报告、记录 2. 光传输设备测试试验报告 3. PCM 设备测试及功能检查报告 4. 通信电源系统验收技术要求和记录报告 5. 载波高频通道全程测试记录 6. 其他设备现场试验报告	施工单位	永久	永久
8406	竣工验收、启动				
8406	01×××变电站工程竣工初验	1. 工程初检 1.1 施工单位提交竣工初检申请 1.2 验收方案 1.3 验收通知 1.4 整改闭环 1.5 初检报告	施工单位	永久	永久
8407	工程管理				
8407	05×××变电站工程业主、设计、施工、制造等特殊载体档案	1. 照片、视频、音像等 2. 新材料、新技术、新设备模型及实物档案	相关单位	永久	
940	主系统及站（所）用电系统				
9401	变压器				
9401	01×××变电站工程主系统变压器（含辅助设备）装箱单、合格证、说明书及附图、出厂试验报告	1. 装箱单 2. 合格证 3. 使用说明书及附图（纸质版，电子版提供双层 PDF 说明书及 DWF 矢量附图档案级光盘或移动硬盘） 4. 出厂试验报告 5. 其他	施工单位	30 年	30 年

续表

类目号	案卷题名	卷内文件	立卷单位	保管期限	
				建设单位	运行单位
9401	02×××变电站工程站（所）用变压器装箱单、合格证、说明书及附图、出厂试验报告	1. 装箱单 2. 合格证 3. 使用说明书及附图（纸质版，电子版提供双层 PDF 说明书及 DWF 矢量附图档案级光盘或移动硬盘） 4. 出厂试验报告 5. 其他	施工单位	30 年	30 年
9402	组合电器				
9402	01×××变电站工程组合电器装箱单、合格证、说明书及附图、出厂试验报告	1. 装箱单 2. 合格证 3. 使用说明书及附图（纸质版，电子版提供双层 PDF 说明书及 DWF 矢量附图档案级光盘或移动硬盘） 4. 出厂试验报告 5. 其他	施工单位	30 年	30 年
9402	02×××变电站工程高压带电显示闭锁装置装箱单、合格证、说明书及附图、出厂试验报告	1. 装箱单 2. 合格证 3. 使用说明书及附图（纸质版，电子版提供双层 PDF 说明书及 DWF 矢量附图档案级光盘或移动硬盘） 4. 出厂试验报告 5. 其他	施工单位	30 年	30 年
9403	断路器				
9403	01×××变电站工程空气断路器装箱单、合格证、说明书及附图、出厂试验报告	1. 装箱单 2. 合格证 3. 使用说明书及附图（纸质版，电子版提供双层 PDF 说明书及 DWF 矢量附图档案级光盘或移动硬盘） 4. 出厂试验报告 5. 其他	施工单位	30 年	30 年
9403	02×××变电站工程六氟化硫断路器装箱单、合格证、说明书及附图、出厂试验报告	1. 装箱单 2. 合格证 3. 使用说明书及附图（纸质版，电子版提供双层 PDF 说明书及 DWF 矢量附图档案级光盘或移动硬盘） 4. 出厂试验报告 5. 其他	施工单位	30 年	30 年
9403	03×××变电站工程油断路器、真空断路器、旁路断路器装箱单、合格证、说明书及附图、出厂试验报告	1. 装箱单 2. 合格证 3. 使用说明书及附图（纸质版，电子版提供双层 PDF 说明书及 DWF 矢量附图档案级光盘或移动硬盘） 4. 出厂试验报告 5. 其他	施工单位	30 年	30 年

续表

类目号	案卷题名	卷内文件	立卷单位	保管期限	
				建设单位	运行单位
9404	×××变电站工程开关柜装箱单、合格证、说明书及附图、出厂试验报告	1. 装箱单 2. 合格证 3. 使用说明书及附图（纸质版，电子版提供双层 PDF 说明书及 DWF 矢量附图档案级光盘或移动硬盘） 4. 出厂试验报告 5. 其他	施工单位	30 年	30 年
9405	×××变电站工程隔离开关、接地开关装箱单、合格证、说明书及附图、出厂试验报告	1. 装箱单 2. 合格证 3. 使用说明书及附图（纸质版，电子版提供双层 PDF 说明书及 DWF 矢量附图档案级光盘或移动硬盘） 4. 出厂试验报告 5. 其他	施工单位	30 年	30 年
9406	电抗器、互感器、电容器、阻波器、滤波器、熔断器				
9406	01×××变电站工程电抗器装箱单、合格证、说明书及附图、出厂试验报告	1. 装箱单 2. 合格证 3. 使用说明书及附图（纸质版，电子版提供双层 PDF 说明书及 DWF 矢量附图档案级光盘或移动硬盘） 4. 出厂试验报告 5. 其他	施工单位	30 年	30 年
9406	02×××变电站工程电流互感器装箱单、合格证、说明书及附图、出厂试验报告	1. 装箱单 2. 合格证 3. 用说明书及附图（纸质版，电子版提供双层 PDF 说明书及 DWF 矢量附图档案级光盘或移动硬盘） 4. 出厂试验报告 5. 其他	施工单位	30 年	30 年
9406	03×××变电站工程电容式电压互感器装箱单、合格证、说明书及附图、出厂试验报告	1. 装箱单 2. 合格证 3. 使用说明书及附图（纸质版，电子版提供双层 PDF 说明书及 DWF 矢量附图档案级光盘或移动硬盘） 4. 出厂试验报告 5. 其他	施工单位	30 年	30 年
9406	04×××变电站工程电容器组装箱单、合格证、说明书及附图、出厂试验报告	1. 装箱单 2. 合格证 3. 使用说明书及附图（纸质版，电子版提供双层 PDF 说明书及 DWF 矢量附图档案级光盘或移动硬盘） 4. 出厂试验报告 5. 其他	施工单位	30 年	30 年

续表

类目号	案卷题名	卷内文件	立卷单位	保管期限	
				建设单位	运行单位
9406	05×××变电站工程阻波器装箱单、合格证、说明书及附图、出厂试验报告	1. 装箱单 2. 合格证 3. 使用说明书及附图（纸质版，电子版提供双层 PDF 说明书及 DWF 矢量附图档案级光盘或移动硬盘） 4. 出厂试验报告 5. 其他	施工单位	30 年	30 年
9406	06×××变电站工程结合滤波器装箱单、合格证、说明书及附图、出厂试验报告	1. 装箱单 2. 合格证 3. 使用说明书及附图（纸质版，电子版提供双层 PDF 说明书及 DWF 矢量附图档案级光盘或移动硬盘） 4. 出厂试验报告 5. 其他	施工单位	30 年	30 年
9406	07×××变电站工程熔断器装箱单、合格证、说明书及附图、出厂试验报告	1. 装箱单 2. 合格证 3. 使用说明书及附图（纸质版，电子版提供双层 PDF 说明书及 DWF 矢量附图档案级光盘或移动硬盘） 4. 出厂试验报告 5. 其他	施工单位	30 年	30 年
9406	08×××变电站工程晶闸管阀、间隙（GDP）、晶闸管阀触发控制装置装箱单、合格证、说明书及附图、出厂试验报告	1. 装箱单 2. 合格证 3. 使用说明书及附图（纸质版，电子版提供双层 PDF 说明书及 DWF 矢量附图档案级光盘或移动硬盘） 4. 出厂试验报告 5. 其他	施工单位	30 年	30 年
9407	避雷接地				
9407	01×××变电站工程避雷器、避雷针装箱单、合格证、说明书及附图、出厂试验报告	1. 装箱单 2. 合格证 3. 使用说明书及附图（纸质版，（纸质版，电子版提供双层 PDF 说明书及 DWF 矢量附图档案级光盘或移动硬盘） 4. 出厂试验报告 5. 其他	施工单位	30 年	30 年
9407	02×××变电站工程接地装置装箱单、合格证、说明书及附图、出厂试验报告	1. 装箱单 2. 合格证 3. 使用说明书及附图（纸质版，电子版提供双层 PDF 说明书及 DWF 矢量附图档案级光盘或移动硬盘） 4. 出厂试验报告 5. 其他	施工单位	30 年	30 年

续表

类目号	案卷题名	卷内文件	立卷单位	保管期限	
				建设单位	运行单位
9407	03×××变电站工程金属氧化物限压器（MOV）装箱单、合格证、说明书及附图、出厂试验报告	1. 装箱单 2. 合格证 3. 使用说明书及附图（纸质版，电子版提供双层 PDF 说明书及 DWF 矢量附图档案级光盘或移动硬盘） 4. 出厂试验报告 5. 其他	施工单位	30 年	30 年
9408	直流设备、备用电源、绝缘监测				
9408	01×××变电站工程直流屏装箱单、合格证、说明书及附图、出厂试验报告	1. 装箱单 2. 合格证 3. 使用说明书及附图（纸质版，电子版提供双层 PDF 说明书及 DWF 矢量附图档案级光盘或移动硬盘） 4. 出厂试验报告 5. 其他	施工单位	30 年	30 年
9408	02×××变电站工程直流分屏装箱单、合格证、说明书及附图、出厂试验报告	1. 装箱单 2. 合格证 3. 使用说明书及附图（纸质版，电子版提供双层 PDF 说明书及 DWF 矢量附图档案级光盘或移动硬盘） 4. 出厂试验报告 5. 其他	施工单位	30 年	30 年
9408	03×××变电站工程逆变器屏装箱单、合格证、说明书及附图、出厂试验报告	1. 装箱单 2. 合格证 3. 使用说明书及附图（纸质版，电子版提供双层 PDF 说明书及 DWF 矢量附图档案级光盘或移动硬盘） 4. 出厂试验报告 5. 其他	施工单位	30 年	30 年
9408	04×××变电站工程硅整流柜装箱单、合格证、说明书及附图、出厂试验报告	1. 装箱单 2. 合格证 3. 使用说明书及附图（纸质版，电子版提供双层 PDF 说明书及 DWF 矢量附图档案级光盘或移动硬盘） 4. 出厂试验报告 5. 其他	施工单位	30 年	30 年
9408	05×××变电站工程蓄电池装箱单、合格证、说明书及附图、出厂试验报告	1. 装箱单 2. 合格证 3. 出厂检验报告（纸质版，电子版提供双层 PDF 说明书及 DWF 矢量附图档案级光盘或移动硬盘） 4. 放电记录 5. 其他	施工单位	30 年	30 年

续表

类目号	案卷题名	卷内文件	立卷单位	保管期限	
				建设单位	运行单位
9408	06×××变电站工程不间断电源（UPS）装箱单、合格证、说明书及附图、出厂试验报告	1. 装箱单 2. 合格证 3. 使用说明书及附图（纸质版，电子版提供双层 PDF 说明书及 DWF 矢量附图档案级光盘或移动硬盘） 4. 出厂试验报告 5. 其他	施工单位	30 年	30 年
9408	07×××变电站工程绝缘监测装置装箱单、合格证、说明书及附图、出厂试验报告	1. 装箱单 2. 合格证 3. 使用说明书及附图（纸质版，电子版提供双层 PDF 说明书及 DWF 矢量附图档案级光盘或移动硬盘） 4. 出厂试验报告 5. 其他	施工单位	30 年	30 年
9409	电补偿				
9409	01×××变电站工程高压并联成套补偿装置装箱单、合格证、说明书及附图、出厂试验报告	1. 装箱单 2. 合格证 3. 使用说明书及附图（纸质版，电子版提供双层 PDF 说明书及 DWF 矢量附图档案级光盘或移动硬盘） 4. 出厂试验报告 5. 其他	施工单位	30 年	30 年
9409	02×××变电站工程调相机装箱单、合格证、说明书及附图、出厂试验报告	1. 装箱单 2. 合格证 3. 使用说明书及附图（纸质版，电子版提供双层 PDF 说明书及 DWF 矢量附图档案级光盘或移动硬盘） 4. 出厂试验报告 5. 其他	施工单位	30 年	30 年
9409	03×××变电站工程消弧线圈装箱单、合格证、说明书及附图、出厂试验报告	1. 装箱单 2. 合格证 3. 使用说明书及附图（纸质版，电子版提供双层 PDF 说明书及 DWF 矢量附图档案级光盘或移动硬盘） 4. 出厂试验报告 5. 其他	施工单位	30 年	30 年
941	二次系统				
9410	继电保护				
9410	01×××变电站工程主变压器保护装箱单、合格证、说明书及附图、出厂试验报告	1. 装箱单 2. 合格证 3. 使用说明书及附图（纸质版，电子版提供双层 PDF 说明书及 DWF 矢量附图档案级光盘或移动硬盘） 4. 出厂试验报告 5. 其他	施工单位	30 年	30 年

续表

类目号	案卷题名	卷内文件	立卷单位	保管期限	
				建设单位	运行单位
9410	02×××变电站工程母线保护装箱单、合格证、说明书及附图、出厂试验报告	1. 装箱单 2. 合格证 3. 使用说明书及附图（纸质版，电子版提供双层 PDF 说明书及 DWF 矢量附图档案级光盘或移动硬盘） 4. 出厂试验报告 5. 其他	施工单位	30 年	30 年
9410	03×××变电站工程断路器保护装箱单、合格证、说明书及附图、出厂试验报告	1. 装箱单 2. 合格证 3. 使用说明书及附图（纸质版，电子版提供双层 PDF 说明书及 DWF 矢量附图档案级光盘或移动硬盘） 4. 出厂试验报告 5. 其他	施工单位	30 年	30 年
9410	04×××变电站工程线路保护装箱单、合格证、说明书及附图、出厂试验报告	1. 装箱单 2. 合格证 3. 使用说明书及附图（纸质版，电子版提供双层 PDF 说明书及 DWF 矢量附图档案级光盘或移动硬盘） 4. 出厂试验报告 5. 其他	施工单位	30 年	30 年
9410	05×××变电站工程故障信息管理系统保护装箱单、合格证、说明书及附图、出厂试验报告	1. 装箱单 2. 合格证 3. 使用说明书及附图（纸质版，电子版提供双层 PDF 说明书及 DWF 矢量附图档案级光盘或移动硬盘） 4. 出厂试验报告 5. 其他	施工单位	30 年	30 年
9410	06×××变电站工程操作继电器柜（用于 500kV 保护）装箱单、合格证、说明书及附图、出厂试验报告	1. 装箱单 2. 合格证 3. 使用说明书及附图（纸质版，电子版提供双层 PDF 说明书及 DWF 矢量附图档案级光盘或移动硬盘） 4. 出厂试验报告 5. 其他	施工单位	30 年	30 年
9410	07×××变电站工程电抗器保护装箱单、合格证、说明书及附图、出厂试验报告	1. 装箱单 2. 合格证 3. 使用说明书及附图（纸质版，电子版提供双层 PDF 说明书及 DWF 矢量附图档案级光盘或移动硬盘） 4. 出厂试验报告 5. 其他	施工单位	30 年	30 年

续表

类目号	案卷题名	卷内文件	立卷单位	保管期限	
				建设单位	运行单位
9410	08×××变电站工程电容器保护装箱单、合格证、说明书及附图、出厂试验报告	1. 装箱单 2. 合格证 3. 使用说明书及附图（纸质版，电子版提供双层 PDF 说明书及 DWF 矢量附图档案级光盘或移动硬盘） 4. 出厂试验报告 5. 其他	施工单位	30 年	30 年
9410	09×××变电站工程差动保护装箱单、合格证、说明书及附图、出厂试验报告	1. 装箱单 2. 合格证 3. 使用说明书及附图（纸质版，电子版提供双层 PDF 说明书及 DWF 矢量附图档案级光盘或移动硬盘） 4. 出厂试验报告 5. 其他	施工单位	30 年	30 年
9410	10×××变电站工程微机防误闭锁装置装箱单、合格证、说明书及附图、出厂试验报告	1. 装箱单 2. 合格证 3. 使用说明书及附图（纸质版，电子版提供双层 PDF 说明书及 DWF 矢量附图档案级光盘或移动硬盘） 4. 出厂试验报告 5. 其他	施工单位	30 年	30 年
9410	11×××变电站工程端子箱装箱单、合格证、说明书及附图、出厂试验报告	1. 装箱单 2. 合格证 3. 使用说明书及附图（纸质版，电子版提供双层 PDF 说明书及 DWF 矢量附图档案级光盘或移动硬盘） 4. 出厂试验报告 5. 其他	施工单位	30 年	30 年
9410	12×××变电站工程电源箱装箱单、合格证、说明书及附图、出厂试验报告	1. 装箱单 2. 合格证 3. 使用说明书及附图（纸质版，电子版提供双层 PDF 说明书及 DWF 矢量附图档案级光盘或移动硬盘） 4. 出厂试验报告 5. 其他	施工单位	30 年	30 年
9410	13×××变电站工程配电箱装箱单、合格证、说明书及附图、出厂试验报告	1. 装箱单 2. 合格证 3. 使用说明书及附图（纸质版，电子版提供双层 PDF 说明书及 DWF 矢量附图档案级光盘或移动硬盘） 4. 出厂试验报告 5. 其他	施工单位	30 年	30 年

续表

类目号	案卷题名	卷内文件	立卷单位	保管期限	
				建设单位	运行单位
9410	14×××变电站工程保护信息通信柜装箱单、合格证、说明书及附图、出厂试验报告	1. 装箱单 2. 合格证 3. 使用说明书及附图（纸质版，电子版提供双层PDF说明书及DWF矢量附图档案级光盘或移动硬盘） 4. 出厂试验报告 5. 其他	施工单位	30年	30年
9411	自动装置				
9411	01×××变电站工程故障录波器装箱单、合格证、说明书及附图、出厂试验报告	1. 装箱单 2. 合格证 3. 使用说明书及附图（纸质版，电子版提供双层PDF说明书及DWF矢量附图档案级光盘或移动硬盘） 4. 出厂试验报告 5. 其他	施工单位	30年	30年
9411	02×××变电站工程安全自动稳定控制装置装箱单、合格证、说明书及附图、出厂试验报告	1. 装箱单 2. 合格证 3. 使用说明书及附图（纸质版，电子版提供双层PDF说明书及DWF矢量附图档案级光盘或移动硬盘） 4. 出厂试验报告 5. 其他	施工单位	30年	30年
9411	03×××变电站工程自动解列装置装箱单、合格证、说明书及附图、出厂试验报告	1. 装箱单 2. 合格证 3. 使用说明书及附图（纸质版，电子版提供双层PDF说明书及DWF矢量附图档案级光盘或移动硬盘） 4. 出厂试验报告 5. 其他	施工单位	30年	30年
9412	电气仪表				
9412	01×××变电站工程电度表柜、站用变压器调压柜、公用设备继电器柜及母联操作箱柜装箱单、合格证、说明书及附图、出厂试验报告	1. 装箱单 2. 合格证 3. 使用说明书及附图（纸质版，电子版提供双层PDF说明书及DWF矢量附图档案级光盘或移动硬盘） 4. 出厂试验报告 5. 其他	施工单位	30年	30年
9412	02×××变电站工程低压配电柜装箱单、合格证、说明书及附图、出厂试验报告	1. 装箱单 2. 合格证 3. 使用说明书及附图（纸质版，电子版提供双层PDF说明书及DWF矢量附图档案级光盘或移动硬盘） 4. 出厂试验报告 5. 其他	施工单位	30年	30年

续表

类目号	案卷题名	卷内文件	立卷单位	保管期限	
				建设单位	运行单位
9412	03×××变电站工程小电流接地检测及切换装置装箱单、合格证、说明书及附图、出厂试验报告	1. 装箱单 2. 合格证 3. 使用说明书及附图（纸质版，电子版提供双层 PDF 说明书及 DWF 矢量附图档案级光盘或移动硬盘） 4. 出厂试验报告 5. 其他	施工单位	30 年	30 年
9412	04×××变电站工程平台测量箱装箱单、合格证、说明书及附图、出厂试验报告	1. 装箱单 2. 合格证 3. 使用说明书及附图（纸质版，电子版提供双层 PDF 说明书及 DWF 矢量附图档案级光盘或移动硬盘） 4. 出厂试验报告 5. 其他	施工单位	30 年	30 年
9412	05×××变电站工程户外数据采集箱装箱单、合格证、说明书及附图、出厂试验报告	1. 装箱单 2. 合格证 3. 使用说明书及附图（纸质版，电子版提供双层 PDF 说明书及 DWF 矢量附图档案级光盘或移动硬盘） 4. 出厂试验报告 5. 其他	施工单位	30 年	30 年
9412	06×××变电站工程激光供能柜（激光电源屏）装箱单、合格证、说明书及附图、出厂试验报告	1. 装箱单 2. 合格证 3. 使用说明书及附图（纸质版，电子版提供双层 PDF 说明书及 DWF 矢量附图档案级光盘或移动硬盘） 4. 出厂试验报告 5. 其他	施工单位	30 年	30 年
9419	其他		施工单位	30 年	30 年
942	通信、自动化及监控				
9420	通信				
9420	01×××变电站工程载波机装箱单、合格证、说明书及附图、出厂试验报告	1. 装箱单 2. 合格证 3. 使用说明书及附图（纸质版，电子版提供双层 PDF 说明书及 DWF 矢量附图档案级光盘或移动硬盘） 4. 出厂试验报告 5. 其他	施工单位	30 年	30 年
9420	02×××变电站工程数字微波装箱单、合格证、说明书及附图、出厂试验报告	1. 装箱单 2. 合格证 3. 使用说明书及附图（纸质版，电子版提供双层 PDF 说明书及 DWF 矢量附图档案级光盘或移动硬盘） 4. 出厂试验报告 5. 其他	施工单位	30 年	30 年

续表

类目号	案卷题名	卷内文件	立卷单位	保管期限	
				建设单位	运行单位
9420	03×××变电站工程程控调度用户交换机装箱单、合格证、说明书及附图、出厂试验报告	1. 装箱单 2. 合格证 3. 使用说明书及附图（纸质版，电子版提供双层 PDF 说明书及 DWF 矢量附图档案级光盘或移动硬盘） 4. 出厂试验报告 5. 其他	施工单位	30 年	30 年
9420	04×××变电站工程光端机装箱单、合格证、说明书及附图、出厂试验报告	1. 装箱单 2. 合格证 3. 使用说明书及附图（纸质版，电子版提供双层 PDF 说明书及 DWF 矢量附图档案级光盘或移动硬盘） 4. 出厂试验报告 5. 其他	施工单位	30 年	30 年
9420	05×××变电站工程通信电源柜、防雷柜装箱单、合格证、说明书及附图、出厂试验报告	1. 装箱单 2. 合格证 3. 使用说明书及附图（纸质版，电子版提供双层 PDF 说明书及 DWF 矢量附图档案级光盘或移动硬盘） 4. 出厂试验报告 5. 其他	施工单位	30 年	30 年
9420	06×××变电站工程通信蓄电池组装箱单、合格证、说明书及附图、出厂试验报告	1. 装箱单 2. 合格证 3. 使用说明书及附图（纸质版，电子版提供双层 PDF 说明书及 DWF 矢量附图档案级光盘或移动硬盘） 4. 出厂试验报告 5. 其他	施工单位	30 年	30 年
9421	远动、自动化				
9421	01×××变电站工程 RTU 装箱单、合格证、说明书及附图、出厂试验报告	1. 装箱单 2. 合格证 3. 使用说明书及附图（纸质版，电子版提供双层 PDF 说明书及 DWF 矢量附图档案级光盘或移动硬盘） 4. 出厂试验报告 5. 其他	施工单位	30 年	30 年
9421	02×××变电站工程变送器装箱单、合格证、说明书及附图、出厂试验报告	1. 装箱单 2. 合格证 3. 使用说明书及附图（纸质版，电子版提供双层 PDF 说明书及 DWF 矢量附图档案级光盘或移动硬盘） 4. 出厂试验报告 5. 其他	施工单位	30 年	30 年

续表

类目号	案卷题名	卷内文件	立卷单位	保管期限	
				建设单位	运行单位
9421	03×××变电站工程遥信转接柜装箱单、合格证、说明书及附图、出厂试验报告	1. 装箱单 2. 合格证 3. 使用说明书及附图（纸质版，电子版提供双层 PDF 说明书及 DWF 矢量附图档案级光盘或移动硬盘） 4. 出厂试验报告 5. 其他	施工单位	30 年	30 年
9421	04×××变电站工程站内自动化装置装箱单、合格证、说明书及附图、出厂试验报告	1. 装箱单 2. 合格证 3. 使用说明书及附图（纸质版，电子版提供双层 PDF 说明书及 DWF 矢量附图档案级光盘或移动硬盘） 4. 出厂试验报告 5. 其他	施工单位	30 年	30 年
9421	05×××变电站工程同步时钟屏装箱单、合格证、说明书及附图、出厂试验报告	1. 装箱单 2. 合格证 3. 使用说明书及附图（纸质版，电子版提供双层 PDF 说明书及 DWF 矢量附图档案级光盘或移动硬盘） 4. 出厂试验报告 5. 其他	施工单位	30 年	30 年
9421	06×××变电站工程同步相量测量屏装箱单、合格证、说明书及附图、出厂试验报告	1. 装箱单 2. 合格证 3. 使用说明书及附图（纸质版，电子版提供双层 PDF 说明书及 DWF 矢量附图档案级光盘或移动硬盘） 4. 出厂试验报告 5. 其他	施工单位	30 年	30 年
9421	07×××变电站工程电量采集装置装箱单、合格证、说明书及附图、出厂试验报告	1. 装箱单 2. 合格证 3. 使用说明书及附图（纸质版，电子版提供双层 PDF 说明书及 DWF 矢量附图档案级光盘或移动硬盘） 4. 出厂试验报告 5. 其他	施工单位	30 年	30 年
9421	08×××变电站工程光纤复用接口柜装箱单、合格证、说明书及附图、出厂试验报告	1. 装箱单 2. 合格证 3. 使用说明书及附图（纸质版，电子版提供双层 PDF 说明书及 DWF 矢量附图档案级光盘或移动硬盘） 4. 出厂试验报告 5. 其他	施工单位	30 年	30 年

续表

类目号	案卷题名	卷内文件	立卷单位	保管期限	
				建设单位	运行单位
9421	09×××变电站工程通信接口装置装箱单、合格证、说明书及附图、出厂试验报告	1. 装箱单 2. 合格证 3. 使用说明书及附图（纸质版，电子版提供双层 PDF 说明书及 DWF 矢量附图档案级光盘或移动硬盘） 4. 出厂试验报告 5. 其他	施工单位	30 年	30 年
9422	监控				
9422	01×××变电站工程远程图像监控设备装箱单、合格证、说明书及附图、出厂试验报告	1. 装箱单 2. 合格证 3. 使用说明书及附图（纸质版，电子版提供双层 PDF 说明书及 DWF 矢量附图档案级光盘或移动硬盘） 4. 出厂试验报告 5. 其他	施工单位	30 年	30 年
9422	02×××变电站工程计算机监控设备装箱单、合格证、说明书及附图、出厂试验报告	1. 装箱单 2. 合格证 3. 使用说明书及附图（纸质版，电子版提供双层 PDF 说明书及 DWF 矢量附图档案级光盘或移动硬盘） 4. 出厂试验报告 5. 其他	施工单位	30 年	30 年
9429	其他				
9429	01×××变电站工程甲供电缆产品合格证、检验报告	产品合格证、检验报告、其他	施工单位	30 年	30 年
9429	02×××变电站工程甲供构支架产品合格证、检验报告、设计变更	1. 产品质量合格证 2. 产品质量检验报告 2.1 材料使用情况汇总表（所用塔型和数量） 2.2 钢材、锌锭、紧固件（外协件）、焊接材料质保书 2.3 铁塔（角钢塔或钢管塔）、钢构架试组装检验记录 2.4 抽样方案 2.5 零部件（角钢、板材）检验记录表 2.6 组焊件检验记录 2.7 镀锌检测记录 2.8 焊接工艺评定报告 2.9 无损检测报告（探伤报告） 3. 设计变更及审批表	施工单位	30 年	30 年

续表

类目号	案卷题名	卷内文件	立卷单位	保管期限	
				建设单位	运行单位
9429	03×××变电站工程其他甲供设备装箱单、合格证、说明书及附图、出厂试验报告	1. 装箱单 2. 合格证 3. 使用说明书及附图（纸质版，电子版提供双层PDF说明书及DWF矢量附图档案级光盘或移动硬盘） 4. 出厂试验报告 5. 其他	施工单位	30年	30年
943	辅助系统		施工单位	30年	30年

第三节　输电线路工程施工档案分类整理组卷规范

35～750kV输电线路工程施工档案分类整理组卷规范见表11－2。

表11－2　　35～750kV输电线路工程施工档案分类整理组卷规范

类目号	案卷题名	卷内文件	立卷单位	保管期限	
				建设单位	运行单位
820/850	综合				
8203/8503	施工设计及管理				
8203/8503	×××工程施工管理及报审文件	1. 项目管理实施规划 2. 施工方案（一般方案、专项方案） 3. 施工技术交底记录 4. 工程进度计划、调整计划	施工单位	永久	永久
		5. 施工日志		30年	
8203/8503	×××工程资质、设备及报审文件	1. 供货商、分包、试验单位及施工单位特殊工种资质 2. 主要测量计量器具/试验设备检验报审	施工单位	30年	
8203/8503	×××工程设计变更、签证、审批文件	1. 工程设计变更单、工程签证及审批 2. 工程设计变更执行报验	施工单位	永久	永久
8204/8504	杆塔及基础				
8204/8504	×××工程杆塔及基础开工文件	开工报审及开工令、暂停令、复工令	施工单位	永久	永久
8204/8504	×××工程施工质量检验及评定范围划分	1. 施工质量检验及评定范围划分表及报审 2. 单位、分部工程质量评级统计 3. 施工、运行杆塔号对照表	施工单位	永久	永久

续表

类目号	案卷题名	卷内文件	立卷单位	保管期限	
				建设单位	运行单位
8204/8504	×××工程土石方工程报审、检查记录	1. 分部工程开工报审 2. 路径复测记录表及报审 3. 普通基础分坑及开挖检查记录 4. 掏挖式基础分坑检查记录 5. 灌注桩基础分坑检查记录 6. 施工基面及电气开方检查记录 7. 其他	施工单位	永久	永久
8204/8504	×××工程基础工程开工报审、隐蔽工程报审、检查及评级记录、签证记录	1. 分部工程开工报审 2. 现浇铁塔基础检查及评级记录 3. 现浇铁塔拉线基础（含锚杆拉线）检查及评级记录 4. 装配式基础检查及评级记录 5. 混凝土电杆塔基础检查及评级记录 6. 岩石、掏挖铁塔基础检查及评级记录 7. 灌注桩基础检查及评级记录 8. 灌注桩群桩基础检查及评级记录 9. 贯入桩基础检查及评级记录 10. 隐蔽工程（基础浇前、支模）签证记录 11. 隐蔽工程（基础浇制）签证记录 12. 隐蔽工程（基础拆模、回填）签证记录 13. 隐蔽工程灌注桩（挖孔桩）签证记录 14. 隐蔽工程灌注桩（挖孔桩）基础承台（连梁）签证记录等	施工单位	永久	永久
8204/8504	×××工程杆塔工程开工报审、检查及评级记录	1. 分部工程开工报审 2. 自立式铁塔组立检查及评级记录 3. 拉线铁塔组立检查及评级记录 4. 混凝土电杆组立检查及评级记录 5. 杆塔拉线压接管施工检查及评级记录 6. 防坠落检查及评级记录	施工单位	永久	永久
8204/8504	×××工程建筑材料检验报告，混凝土、砂浆配比、抗压强度试验报告，钢筋焊接、高强度螺栓、防盗装置、承台爬梯、土壤、桩基等基础质量报审、报验、合格证	1. 水泥出厂证明（合格证、检验报告）、砂、石、非饮用水等复试报告、跟踪台账 2. 混凝土配合比试验报告 3. 砂浆配合比试验报告 4. 混凝土掺合料、外加剂试验报告 5. 预拌（商品）混凝土出厂资料 6. 混凝土试块抗压汇总及强度评定表、混凝土试块抗压强度检验报告、同条件混凝土养护温度记录表 7. 砂浆抗压强度试验报告 8. 钢材出厂证明（检验报告）、复试报告、跟踪台账 9. 钢筋焊接（连接）试验报告及钢筋接头模拟焊接（连接）试验报告 10. 土壤击实试验报告 11. 桩基检测报告 12. 灰土地基检测报告	施工单位	30年	30年

续表

类目号	案卷题名	卷内文件	立卷单位	保管期限	
				建设单位	运行单位
8204/8504	×××工程建筑材料检验报告，混凝土、砂浆配比、抗压强度试验报告，钢筋焊接、高强度螺栓、防盗装置、承台爬梯、土壤、桩基等基础质量报审、报验、合格证	13. 地脚螺栓、插入主角钢等出厂证明文件及地脚螺栓跟踪及收发记录 14. 高强度螺栓抗滑移系数、连接副检测报告、杆塔拉线压接试拉报告 15. 防盗装置、承台爬梯合格证等	施工单位	30 年	30 年
8204/8504	×××工程现场铁塔开箱检查记录	铁塔开箱申请及检查记录	施工单位	30 年	30 年
8205/8505	机电安装				
8205/8505	×××工程机电安装工程开工报审，导线、地线、OPGW 光缆等架线工程施工检查及评级记录	1. 分部工程开工报审 2. 导、地线展放施工检查及评级记录 3. 导、地线直线爆压管施工检查及评级记录 4. 导、地线耐张爆压管施工检查及评级记录 5. 导、地线直线液压管施工检查及评级记录 6. 导、地线耐张液压管施工检查及评级记录 7. 紧线施工检查及评级记录 8. 附件安装施工检查及评级记录 9. 对地、风偏开方对地距离检查及评级记录 10. 交叉跨越检查及评级记录 11. 导、地线液压隐蔽工程签证记录 12. OPGW 光缆展放施工检查及评级记录 13. OPGW 光缆紧线施工检查及评级记录	施工单位	永久	永久
8205/8505	×××工程接地工程开工报审、施工检查及评级记录	1. 分部工程开工报审 2. 表面式接地装置施工检查及评级记录 3. 深埋式接地装置施工检查及评级记录 4. 接地线埋设隐蔽工程签证记录	施工单位	永久	永久
8205/8505	×××工程线路防护设施开工报审、检查及评级记录	1. 分部工程开工报审 2. 线路防护设施检查及评级记录	施工单位	永久	永久
8205/8505	×××工程在线监测设备安装记录	监测设备安装记录	施工单位	永久	永久
8205/8505	×××工程施工试验检测报告及报审	导、地线握力试验报告等	施工单位	30 年	30 年
8205/8505	×××工程现场设备开箱检查记录、纸质、电子双版说明书、随机图	1. 导线、地线、接地模块、绝缘子、金具等开箱检查申请及检查记录 2. 产品合格证、出厂证明、试验报告 3. 督促厂家提供双层 PDF 产品合格证、出厂证明、试验报告及 DWF 设备矢量附图档案级光盘或移动硬盘	施工单位	30 年	30 年

续表

类目号	案卷题名	卷内文件	立卷单位	保管期限	
				建设单位	运行单位
8206/8506	竣工验收、启动				
8206/8506	×××工程初检申请、验收方案初检报告	工程初检 1. 施工单位提交竣工初检申请 2. 验收方案 3. 验收通知 4. 整改闭环 5. 初检报告	施工单位	永久	永久
8207/8507	工程管理文件				
8207/8507	×××工程业主、设计、施工、制造单位特殊载体档案	1. 照片、视频、音像等 2. 新材料、新技术、新设备模型、实物档案	相关单位	永久	
920/950	架空线路				
9200/9500	×××工程铁（杆）塔产品合格证、含交货清单、出厂检验报告、设计变更及审批表	1. 产品质量合格证（含交货清单） 2. 出厂检验报告 3. 设计变更及审批表	施工单位	30 年	30 年
9201/9501	×××工程导、地线产品合格证、技术参数、交货清单、原材料出厂检验报告、绞线型式试验报告	1. 产品合格证（含技术参数、交货清单） 2. 产品原材料出厂检验报告 3. 绞线型式试验报告 4. 产品特殊试验报告（按照技术协议要求提供）	施工单位	30 年	30 年
9202/9502	×××工程绝缘子产品合格证、试验报告、检验报告	1. 产品质量合格证（含技术参数、交货清单） 2. 产品型式试验报告（含逐个及抽样试验项目） 3. 第三方抽样检验报告（按合同要求）	施工单位	30 年	30 年
9202/9502	×××工程金具产品合格证、试验报告、检验报告	1. 产品质量合格证 2. 产品检验报告 3. 产品型式试验报告	施工单位	30 年	30 年
9203/9503	×××工程光缆及金具产品合格证、试验报告、检验报告、安装手册	1. 光缆原始质量证明文件 2. 出厂检验报告 3. 光缆第三方抽样检验报告 4. 光缆的型式试验报告 5. 光缆金具出厂检验报告 6. 光缆金具的型式试验报告 7. 安装手册 8. 光缆木盘的检验检疫证明	施工单位	30 年	30 年
9204/9504	×××工程防坠落产品合格证、试验报告、检验报告	1. 产品合格证 2. 出厂检验报告 3. 产品型式试验报告	施工单位	30 年	30 年
9204/9504	×××工程攀爬梯出厂资料、出厂证明、安装方案、安装记录	1. 出厂资料 2. 出厂证明 3. 安装方案 4. 安装记录	施工单位	30 年	30 年

续表

类目号	案卷题名	卷内文件	立卷单位	保管期限	
				建设单位	运行单位
9205/9505	×××工程监测、检测产品合格证、出厂证明、试验报告	1. 产品合格证 2. 出厂证明 3. 试验报告	施工单位	30年	30年
9206/9506	×××工程航空障碍灯产品合格证、质量保证书、检验报告	1. 合格证 2. 质量保证书 3. 检验报告	施工单位	30年	30年
9209/9509	×××工程其他产品合格证、出厂检验报告、型式试验报告	1. 产品合格证 2. 出厂检验报告 3. 型式试验报告	施工单位	30年	30年

第十二章　监理档案分类整理组卷规范

第一节　监理档案总体要求

一、监理项目部档案资料的形成

建设工程监理是指工程监理单位受建设单位委托，根据法律法规、工程建设标准、勘察设计文件及合同，在施工阶段对建设工程质量、造价、进度进行控制，对合同、信息进行管理，对工程建设相关方的关系进行协调，并履行建设工程安全生产管理法定职责的服务活动。

建设工程监理档案是指工程监理单位在履行建设工程监理合同过程中形成或获取的应当归档保存的各种形式的文件材料。主要包含：

1. 策划准备

（1）监理规划、监理实施细则。

（2）监理项目部成立文件、总监任命书、单位及人员资质。

（3）终身质量责任承诺书、委托书。

2. 工程质量控制

（1）图纸会审及交底纪要。

（2）设计变更执行情况审核（施工单位组卷），设计变更通知单汇总。

（3）见证取样记录（施工单位组卷）。

（4）平行检验记录。

（5）旁站记录。

（6）检验批、分项、分部工程质量验收（施工单位组卷）。

（7）监理初检申请、方案、通知、整改闭环、报告。

（8）业主中间验收申请、方案、通知、整改闭环、报告。

3. 造价和进度控制

（1）工程计量、工程预付款、进度款及报审、索赔处理文件。

（2）工程开工令、复工令、暂停令等工程开复工报审文件（施工单位组卷）。

4. 信息及其他

（1）监理工作联系单，检查整改通知单、回复单。

（2）监理日志、监理月报、监理会议纪要、简报，监理工作总结。

（3）第一次工地例会、设计联络会、月度例会、专题会议纪要（业主签发监理组卷）。

（4）安全、质量事故报告、处理方案、处理结果。

（5）其他报审文件。

（6）工程数码照片。

二、监理档案的整理组卷

监理文件区分专业，结合施工技术管理、工程管理顺序和时间、文种等特征，按照施工技术管理、工程管理、设计监理、水保监理、环保监理、施工监理、工程初检、中间验收文件等组卷。

工程项目文件组卷应遵循以下基本原则：

1. 内在联系性

保持项目文件的内在有机联系，是进行项目文件组卷的首要原则。卷内文件不是简单的任意组合或堆砌。

2. 合理性

项目文件组卷应保证形成的档案保管单位（案卷、件）内文件数量合理、分类合理、排序合理，才能便于检索和查找利用。因此具体操作中，应灵活掌握，根据具体情况合理划分。

3. 齐备性

工程项目文件的完整性、齐全性是项目档案的基本要求。反映同一主题、有内在联系的项目文件应当收集齐备并合理组卷，特别是涉及项目行政许可的法律性文件手续应当齐备。

项目文件的排序：项目文件按系统性、成套性特点进行案卷或卷内文件排列。管理性文件按问题，结合时间（阶段）或重要程度排列，问题、来源相同的案卷按时间的先后顺序排列。卷内文件一般文字在前，图样在后；译文在前，原文在后；正文在前，附件在后；印件在前，定（草）稿在后；复文在前，来文在后。

三、案卷题名撰写技巧

拟写原则：简明、准确、完整揭示卷内文件的内容，原则上控制在50个汉字以内，案卷题名一般不使用括号。

三段式结构：项目名称（总工程名称、单项工程、标段代号）+专业名称+卷内文件内容。

灵活调整原则：应根据案卷厚度、卷内文件内容动态调整案卷题名。当增加卷内文件时，亦相应增加案卷题名内容；当减少卷内文件时，亦相应减少案卷题名内容。

规范题名示例：酒泉—湖南±800kV特高压直流线路工程甘1标段基础、铁塔、架线施工图设计交底纪要。

不规范题名示例：

（1）酒泉—湖南±800kV特高压直流输电线路工程甘1标段设计交底纪要。

（2）施工图设计交底纪要。

四、档案验收

严格执行《国家电网有限公司电网建设项目档案验收办法》（国家电网办〔2018〕1166号）。330kV及以上输变电建设工程，由省公司层面组织档案专项验收；35～110kV输变电建设工程和10kV及以下农网配电网、生产技改大修工程，由地市公司层面组织档案专项验收，省公司组织抽查。

第二节　变电工程监理档案分类整理组卷规范

35～750kV变电站工程监理档案分类整理组卷规范见表12-1。

表12-1　35～750kV变电站工程监理档案分类整理组卷规范

类目号	案卷题名	卷内文件	立卷单位	保管期限	
				建设单位	运行单位
840	工程建设文件				
8403	施工图设计 施工技术管理				
8403	01×××变电站工程施工图设计交底文件	施工图设计交底纪要或记录	监理单位	永久	永久

续表

类目号	案卷题名	卷内文件	立卷单位	保管期限	
				建设单位	运行单位
8403	02×××变电站工程施工图会检文件	施工图会检纪要	监理单位	永久	永久
8403	06×××变电站工程设计变更单汇总	设计变更通知单汇总	监理单位	永久	永久
8406	竣工验收、启动				
8406	01×××变电站工程竣工预验收	2. 竣工预验收 2.1　监理单位提交竣工预验收申请 2.2　验收方案 2.3　验收通知 2.4　整改闭环 2.5　验收报告	监理单位	永久	永久
8407	工程管理				
8407	01×××变电站工程各项目部成立、主要人员资格报审、法人授权书、工程质量终身承诺书等建设管理文件	1. 各项目部成立文件、主要管理人员资格及设计工代报审 2. 法人授权书、工程质量终身承诺书（业主项目经理、项目勘察负责人、项目设计负责人、施工项目经理、总监理工程师）	监理单位	永久	
8407	05×××变电站工程业主、设计、施工、制造等特殊载体档案	1. 照片、视频、音像等 2. 新材料、新技术、新设备模型及实物档案	相关单位	永久	
8408	工程监理、质量监督、设备监造				
8408	01×××变电站工程水保监理	1. 监理规划及报审 2. 监理实施细则	监理单位	永久	
		3. 监理报告（含月报、专题报告、工作报告、工作总结报告等内容）		30年	
8408	02×××变电站工程环保监理	1. 监理规划及报审 2. 监理实施细则 3. 监理总结等	监理单位	30年	
8408	03×××变电站工程施工监理	1. 监理规划及报审、监理实施细则、取样送检计划 2. 旁站记录 3. 监理工作联系单，检查整改通知单、回复单 4. 工程预付款、进度款及报审、索赔处理 5. 监理平行检验记录 6. 安全、质量事故报告、处理方案、处理结果	监理单位	永久	永久
		7. 监理日志、监理月报		30年	
8408	04×××变电站工程中间验收记录	1. 监理初检 1.1　施工单位提交初检申请 1.2　验收通知 1.3　验收方案 1.4　验收报告	监理单位	永久	永久

续表

类目号	案卷题名	卷内文件	立卷单位	保管期限	
				建设单位	运行单位
8408	04×××变电站工程中间验收记录	2. 业主中间验收 2.1 监理单位提交中间验收申请 2.2 验收通知 2.3 验收方案 2.4 验收报告	监理单位	永久	永久

第三节 输电线路工程监理档案分类整理组卷规范

35～750kV 输电线路工程监理档案分类整理组卷规范见表 12－2。

表 12－2 35～750kV 输电线路工程监理档案分类整理组卷规范

类目号	案卷题名	卷内文件	立卷单位	保管期限	
				建设单位	运行单位
820/850	综合				
8203/8503	施工设计及管理				
8203/8503	×××工程施工图设计交底文件	施工图设计交底纪要或记录	监理单位	永久	永久
8203/8503	×××工程施工图会检	施工图会检纪要	监理单位	永久	永久
8203/8503	×××工程设计变更单位汇总文件	设计变更通知单汇总	监理单位	永久	永久
8206/8506	竣工验收、启动				
8206/8506	×××工程预验收申请、方案、整改、报告	竣工预验收 1. 监理单位提交竣工预验收申请 2. 验收方案 3. 验收通知 4. 整改闭环 5. 验收报告	监理单位	永久	永久
8207/8507	工程管理文件				
8207/8507	×××工程各项目部成立、主要人员资格报审、法人授权书、工程质量终身承诺书等项目建设管理文件	1. 各项目部成立文件、主要人员资格及设计工代报审 2. 法人授权书、工程质量终身承诺书（业主项目经理、项目勘察负责人、项目设计负责人、施工项目经理、总监理工程师）	监理单位	永久	

续表

类目号	案卷题名	卷内文件	立卷单位	保管期限	
				建设单位	运行单位
8207/8507	×××工程达标投产工程创优及报审、结果文件	1. 达标投产、工程创优申报文件及命名文件 2. 设计、监理单位对工程质量的检查、评价报告 3. 相关获奖、专利文件	建设单位/监理单位	永久	
8207/8507	×××工程业主、设计、施工、制造单位特殊载体档案	1. 照片、视频、音像等 2. 新材料、新技术、新设备模型、实物档案等	相关单位	永久	
8208/8508	工程监理、质量监督、设备监造				
8208/8508	×××工程水保监理规划及报审、实施细则、监理报告	1. 监理规划及报审 2. 监理实施细则	监理单位	永久	
		3. 监理报告（含月报、专题报告、工作报告、工作总结报告等内容）		30年	
8208/8508	×××工程环保监理规划及报审、实施细则、监理报告、总结	1. 监理规划及报审 2. 监理实施细则 3. 监理总结等	监理单位	30年	
8208/8508	×××工程施工监理规划及报审、实施细则、旁站记录、联系单、整改通知单、工程款支付审查审批、安全质量、监理质量、监理日志、监理报告	1. 监理规划及报审、监理实施细则 2. 监理旁站记录 3. 监理工作联系单，检查整改通知单、回复单 4. 工程款支付审批、变更费用审查、索赔处理 5. 监理质量检查、抽查记录、报告 6. 安全、质量事故报告、处理方案、处理结果 7. 监理平行检验记录 8. 监理日志、监理月报	监理单位	永久	永久
8208/8508	×××工程监理初检、业主中间验收记录	1. 监理初检 1.1　施工单位提交初检申请 1.2　验收方案 1.3　验收通知 1.4　验收报告 2. 业主中间验收 2.1　监理单位提交中间验收申请 2.2　验收方案 2.3　验收通知 2.4　验收报告	监理单位	永久	永久

第十三章　监造档案分类整理组卷规范

第一节　监造档案总体要求

设备监造是指承担设备监造工作的单位受项目法人或建设单位的委托，按照设备供货合同要求，坚持客观公正、诚信科学的原则，对工程项目所需设备在制造和生产过程中的工艺流程、制造质量及设备制造单位的质量体系进行监督，并对委托人负责的服务。

设备监造归档资料一般包含监造规划、监造细则、开复停工令、监造见证表及汇总、变更记录及索赔、会议纪要、监理通知单、工作联系单及回复、监造周报、及时报、监造总结。

设备监造档案归档由监造委托单位（及监造合同的甲方单位）负责，监造单位具体形成、整理、组卷，在工程建设管理单位的统一指导下移交归档。

工程项目文件组卷应遵循以下基本原则：

1. 内在联系性

保持项目文件的内在有机联系，是进行项目文件组卷的首要原则。卷内文件不是简单的任意组合或堆砌。

2. 合理性

项目文件组卷应保证形成的档案保管单位（案卷、件）内文件数量合理、分类合理、排序合理，才能便于检索和查找利用。因此具体操作中，应灵活掌握，根据具体情况合理划分。

3. 齐备性

工程项目文件的完整性、齐全性是项目档案的基本要求。反映同一主题、有内在联系的项目文件应当收集齐备并合理组卷，特别是涉及项目行政许可的法律性文件手续应当齐备。

项目文件的排序：项目文件按系统性、成套性特点进行案卷或卷内文件排列。

管理性文件按问题，结合时间（阶段）或重要程度排列，问题、来源相同的案卷按时间的先后顺序排列。卷内文件一般文字在前，图样在后；译文在前，原文在后；正文在前，附件在后；印件在前，定（草）稿在后；复文在前，来文在后。

第二节 变电工程监造档案分类整理组卷规范

35～750kV 变电站工程监造档案分类整理组卷规范见表 13－1。

表 13－1　35～750kV 变电站工程监造档案分类整理组卷规范

类目号	案卷题名	卷内文件	立卷单位	保管期限	
				建设单位	运行单位
840	工程建设文件				
8408	工程监理、质量监督、设备监造				
8408	06×××变电站工程设备监造记录	1. 设备监造规划 2. 设备监造实施细则 3. 开工/复工报审、工程暂停令	设备监造单位	永久	永久
		4. 监造见证表（原材料及组部件、生产工艺过程、出厂试验和包装发运）及汇总 （电子档案专项条款：监督厂家提供双层 PDF 装箱单、合格证、出厂试验报告、使用说明书及 DWF 设备矢量附图档案级光盘或移动硬盘）		30 年	30 年
		5. 会议纪要 6. 变更资料记录 7. 索赔文件 8. 监理通知单与工作联系单及回复 9. 监造周报、及时报 10. 出厂证明文件 11. 设备监造工作总结		永久	永久

第三节 输电线路工程监造档案分类整理组卷规范

35～750kV 输电线路工程设备监造档案分类整理组卷规范见表 13－2。

表 13－2　35～750kV 输电线路工程设备监造档案分类整理组卷规范

类目号	案卷题名	卷内文件	立卷单位	保管期限	
				建设单位	运行单位
820/850	综合				
8207/8507	工程管理文件				

续表

类目号	案卷题名	卷内文件	立卷单位	保管期限	
				建设单位	运行单位
8207/8507	×××工程业主、设计、施工、制造单位特殊载体档案	1. 照片、视频、音像等 2. 新材料、新技术、新设备模型、实物档案等	相关单位	永久	
8208/8508	工程监理、质量监督、设备监造				
8208/8508	×××工程设备（材料）监造规划、实施细则、试组装记录、出厂试验报告、变更记录、监理来往函件、监造周报及总结报告	1. 设备监造规划 2. 设备监造实施细则 3. 开工/复工报审、工程暂停令 4. 试组装记录、出厂试验报告 5. 抽样方案、记录 6. 会议纪要 7. 变更资料记录 8. 索赔文件 9. 监理通知单与工作联系单及回复 10. 监造周报、及时报 11. 出厂见证单 12. 设备监造工作总结	设备监造单位	永久	永久

第十四章　运行档案分类整理组卷规范

第一节　运行档案总体要求

运行单位主要负责工程启动试运行阶段产生的有关文件整理归档，即试运行报告、设备运行缺陷记录等。

运行档案由运行单位负责整理、组卷、归档，也可移交项目建设单位统一整理组卷。

第二节　变电站运行档案分类整理组卷规范

35～750kV 变电站工程运行档案分类整理组卷规范见表 14－1。

表 14－1　　35～750kV 变电站工程运行档案分类整理组卷规范

类目号	案卷题名	卷内文件	立卷单位	保管期限	
				建设单位	运行单位
840	工程建设文件				
8406	竣工验收、启动				
8406	04×××变电站工程试运行	试运行报告、设备运行缺陷记录等	运行单位	永久	永久

第十五章 项目创优达标档案要求

第一节 输变电工程达标投产

一、工程达标投产应满足的基本条件

（1）工程按设计要求全部建成并完成档案移交归档，已投入运行满 3 个月，且不超过 1 年。

（2）工程按现行国家、行业及公司的技术规范、质量标准及相关规定组织施工。

（3）工程无因设计、施工等原因造成的质量、安全隐患及功能性缺陷。

二、达标投产对档案资料的要求

（一）真实准确性（2 分）

归档文件材料签章手续清晰完备，无代签痕迹，技术图纸与工程或设备实体相吻合。1 项不符合要求扣 0.5 分，存在突击整理档案的痕迹全扣。

（二）完整系统性（2 分）

项目档案归档范围要满足《国家电网公司电网建设项目档案管理办法（试行）》要求，同时确保重要管理文件应归尽归。缺少一项重要文件扣 0.5 份。

（三）归档及时性（2 分）

监理、施工、调试、调度单位在项目竣工投产后 1 个月内向建设管理单位移交项目档案；设计单位在项目竣工投产后 2 个月内将竣工图提交施工、监理单位审核，2 个半月内监理组织施工单位向建设管理单位移交竣工图；建设管理单位在项目竣工投产后 3 个月内向档案保管单位移交项目档案，移交纸质档案的同时完成纸质档案数字化并在档案信息系统录入和挂接。1 项不符合扣 0.5 分，未完成档案信息系统录入挂接的全扣。

（四）档案整理（2分）

档案分类、排列、编号、装订、编目、装盒等操作符合《国家电网公司电网建设项目档案整理规范》［国网（办/4）924—2018］要求，操作不规范每处扣0.5分。

（五）竣工图（2分）

竣工图相关资料齐全。未提交竣工图电子文档的全扣；没有编制竣工图总说明和分册说明的扣1分；编制不规范（包括图章、签字等）1处扣0.5分；发现设计变更与竣工图不符1处扣0.5分。

注：具体档案资料内容质量及规范性要求详见《国家电网有限公司输变电工程达标投产考核及优质工程评选管理办法》［国网（基建/3）182—2019］的《检查基本信息表》。

第二节　输变电工程优质工程金银奖

一、输变电优质工程金银奖评选范围

（1）110kV及以上电压等级新建变电站（换流站）工程。

（2）110kV及以上电压等级折单长度20km以上的架空线路工程（大跨越工程不受长度限制）。

（3）110kV及以上电压等级折单长度10km以上的隧道电缆工程。

（4）符合以上规模的输变电工程。

二、输变电优质工程金银奖评选条件

（1）工程建设程序依法合规，项目立项、规划许可、土地使用等文件齐全有效，工程通过总体竣工验收。

（2）工程通过达标投产考核并投入使用一年以上三年以内。

（3）工程建设及运行过程中未发生安全质量事件。

（4）安全设施、职业卫生和消防设施等已与工程本体同期投入运行且通过专项验收。

（5）工程档案完整、规范，已通过档案专项验收。

（6）坚持节约资源和保护环境基本国策，节能、环保等主要技术经济指标满足设计值和合同保证值，已通过环保、水保专项验收。

（7）工程质量管理体系健全，设计理念先进、合理，技术水平先进，科技创新成果显著，具有显著的示范引领作用和推广应用意义。

（8）拟申报国家级优质工程的项目还需满足相关评选条件要求。

三、输变电优质工程金银奖对档案资料的要求

（一）基本要求

（1）基础设施、设备应符合档案安全保管、保护和信息化管理要求，档案业务人员应有岗位资格证书，并定期接受再教育培训。

（2）建设单位组织编制项目文件归档制度或项目档案管理实施细则项目文件与工程建设同步收集，归档文件完整。

（3）项目文件按各专业规程规定的格式填写，内容真实、数据准确。

（4）归档文件应为原件；因故无原件的合法性、依据性、凭证性等永久保存的文件，提供单位应在复印件上标注原件的档号并加盖公章，便于追溯。

（5）纸质、电子、照片等各类载体档案分类一致。

（6）案卷组合保持工程建设项目的专业性、成套性和系统性，便于快捷检索利用；同事由的文件不得分散和重复组卷。

（7）案卷质量符合国家、行业标准要求，案卷题名能准确揭示案卷内容，档案编目规范，装订整齐。

（8）对永久保存且涉及项目立项、核准、重要合同及协议、质量监督、质量评价、竣工验收、竣工图及利用频繁的纸质档案进行数字化管理。

（9）按国家电网公司规定时间或满足合同约定归档完毕。

（二）220kV及以上新建变电站档案资料重点检查内容

（1）工程项目合法性文件，工程项目可研批复、项目核准文件（建设工程规划许可证、建设用地规划许可证、土地使用证、施工许可证、环评报告批复文件等）资料齐全。

（2）工程建设专项许可文件环境保护、水土保持等评价及审批文件资料齐全。

（3）工程建设管理纲要（应含创优、强条、标准工艺等内容）。

（4）质量过程控制数码照片主题与规定相符、有效照片数量满足规定要求。照片命名、归类规范。照片内容符合现场实际情况，拍摄时间与工程进度相符，照片与实物相符合，照片无共用情况。标识牌的内容、尺寸、位置满足文件要求。

（5）非物资、物资招投标及合同。

（6）工程设计创优实施细则，按要求在设计可研、初设文件中编写工程设计创优实施细则的相关内容。

（7）将设计强制性条文执行计划表、质量通病防治的设计措施和技术要求纳入施工蓝图。

（8）图纸设计交底记录齐全、规范。

（9）设计变更管理流程规范，设计变更审批手续符合要求、费用变化明确、技经人员签字规范，不得会检纪要代替设计变更。

（10）工程开工报审表齐全规范。

（11）项目管理实施规划（施工组织设计）及交底资料齐全规范。项目管理实施规划应包含工程创优施工实施细则、工程质量通病防治措施、标准工艺应用施工实施策划内容。

（12）施工方案（措施、作业指导书）及交底资料齐全、规范，施工方案应明确质量通病具体防治措施、强制性条文执行计划的内容。超过一定范围的专项方案通过专家论证，并形成相应记录。

（13）监理工程师通知单、工程变更执行报验单的闭环管理。

（14）工程质量问题处理记录齐全、规范。

（15）工程质量通病防治工作总结作为一个独立章节纳入施工单位的工程总结。

（16）按要求编制监理规划，交底记录齐全。监理规划应包含工程创优监理实施细则、工程质量通病防治控制措施、标准工艺应用监理控制措施策划、施工强制性条文监理检查控制措施、绿色施工控制措施和新技术应用控制措施。

（17）监理实施细则中明确监理旁站要求，旁站点设置符合工程实际，旁站记录齐全。

（18）按规定审核工程预付款、进度款报审资料及现场复核。

（19）主要施工机械/工器具及计量器具审核资料齐全、规范。

（20）施工主要管理人员资格及特殊工种/特殊（种）作业人员审核资料齐全、规范。

（21）工程材料/构配件/设备进场审核资料齐全、规范。

（22）主要材料及构配件供货商，分包单位、试验（检测）单位资质审核资料齐全、规范。

（23）按要求编制竣工质量评估报告。

（24）工程质量验评划分（土建、电气及相关辅助工程）资料齐全。

（25）安全文明施工策划及应急管理、安全检查和安全管理评价。

（26）达到或者超过一定规模的危险性较大的分部分项工程、重要施工工序、特殊作业、危险作业项目应分别编制专项施工方案或安全技术措施。

（27）项目建设单位应按规定组建工程项目安委会，召开会议，开展安全检查活动，记录齐全。

（28）物资监造合同及监造资料。

（29）各个阶段的施工三级（班组、项目部、公司）质量检验，以及检验批、分项、分部、单位工程质量验收，验收程序规范、报告齐全。

（30）工程竣工预验收内容全面，验收结论明确，消缺管理规范。

（31）启动验收报告、启动竣工验收证书结论明确，签字盖章完备，消缺管理规范。系统调试方案及报告齐全。

（32）业主、设计、施工、监理单位按规定编制工程总结。

（33）规定阶段的质量监督报告齐全。

（34）消防专项验收报告或相关备案证明材料齐全。

（35）主要原材料合格证明及检测报告，钢筋、预拌（商品）混凝土、水泥、砂、石、砖、混凝土外加剂、防水、保温隔热材料等合格证明及检测报告齐全、规范。

（36）灯具、防火门、防爆设备、饰面板（砖）、吊顶、隔墙龙骨、玻璃、涂料、地面材料合格证齐全。

（37）混凝土、砂浆配合比、试件（块）抗压、抗渗、抗冻试验报告齐全、规范。钢筋连接（焊接、机械连接）试验报告（含试焊）齐全。

（38）土方回填土击实试验报告齐全，土方回填基底处理、分层回填厚度、压实系数符合验收规范、设计要求，分层试验报告齐全。

（39）地基处理、基桩检测报告。

（40）重要结构混凝土同条件养护试块留置应有方案，温度记录规范齐全，强度代表值应符合规范的规定。混凝土强度检验用同条件养护试件的留置方式和数量规范，养护温度记录规范。

（41）隐蔽验收记录齐全、规范。（地基验槽、钢筋工程、地下混凝土工程、防水、防腐、门窗、粉刷、吊顶、饰面砖、轻质隔墙、主接地网工程、专用接地装置、直埋电缆、封闭母线）。

（42）单位（子单位）、分部、分项、检验批工程质量验收记录及评定表齐全、规范。

（43）安全和功能检验资料及主要功能检查记录齐全、规范。

（44）主设备出厂资料及试验资料齐全规范。大型设备运输冲撞记录报告及签证齐全。

（45）施工试验报告或检测报告齐全规范。

（三）220kV 及以上线路工程档案资料重点检查内容

（1）综合管理资料参见变电站工程第（1）～（33）条。

（2）砂、石、水、混凝土外加剂、预拌（商品）混凝土、水泥、钢筋、地脚

螺栓、插入角钢，杆塔部件（含螺栓、垫片），导线、地线、光缆及其绝缘子、金具等合格证明文件、跟踪管理记录、检测报告齐全。

（3）钢筋焊接报告、钢筋机械连接报告（含工艺试验报告）、混凝土配合比报告、试块检验报告、桩基检测报告应符合设计和规范要求，混凝土强度评定符合设计要求。

（4）按规定进行导地线握着力试验，试验数据满足设计要求。

（5）施工检查及评级记录齐全，填写、签字符合要求。

（6）线路参数测试方案（措施）和参数测试报告齐全。

（7）基础、接地、导地线压接等隐蔽工程签证齐全，填写规范。

（8）单位、分部、分项、单元工程质量评级统计齐全，内容符合要求。

注：其他电压等级工程及具体档案资料内容质量的规范性要求详见《国家电网有限公司输变电工程达标投产考核及优质工程评选管理办法》［国网（基建/3）182－2019］的《输变电优质工程标准评分表》。

第三节　行业优质工程奖

一、申报工程容量和规模要求

中国电力优质工程奖：电压等级500kV及以上的输变电工程（线路长度100km及以上）。

中国电力优质工程奖（中小型）：电压等级110kV及以上的输变电工程（线路长度50km及以上）。

二、项目合规性证明文件

（1）项目核准文件（发改委）。

（2）规划许可证（规划管理部门）。

（3）土地使用证（一般线路工程除外）（国土部门）。

（4）环境保护验收文件（国家环境保护部门）。

（5）水土保持验收文件（水利部门）。

（6）工程概算批复文件（规划院）。

（7）投产后质量监督报告（质量监督站）。

（8）生产运行单位组织的安全设施竣工验收报告。

（9）未发生安全事故证明（安全生产监管部门）。

（10）特种设备使用许可文件（特种设备安全监督管理的部门）。

（11）消防验收文件（线路工程除外）（消防部门）。

（12）档案验收文件（上级主管单位组织，地方档案行政管理部门参加）。

（13）工程竣工决算审计报告（有资质的第三方会计师事务所）。

（14）工程（机组）移交生产签证（建设单位组织）。

（15）枢纽工程竣工验收文件（项目核准部门委托的验收委员会）（水电）。

（16）工程竣工验收文件（建设单位组织，经各专项验收的相关单位签字）。

三、工程档案管理要求

（1）基础设施、设备应符合档案安全保管、保护和信息化管理要求，档案业务人员应有岗位资格证书，并定期接受再教育培训。

（2）建设单位组织编制项目文件归档制度或项目档案管理实施细则。

（3）项目文件应与工程建设同步收集，归档文件完整。

（4）项目文件按各专业规程规定的格式填写，内容真实、数据准确。

（5）归档文件应为原件。因故无原件的合法性、依据性、凭证性等永久保存的文件，提供单位应在复印件上标注原件的档号并加盖公章，便于追溯。

（6）纸质、电子、照片等各类载体档案分类一致。

（7）案卷组合保持工程建设项目的专业性、成套性和系统性，便于快捷检索利用；同事由的文件不得分散和重复组卷。

（8）案卷质量符合国家、行业标准要求，案卷题名能准确揭示案卷内容，档案编目规范，装订整齐。

（9）对永久保存且涉及项目立项、核准、重要合同及协议、质量监督、质量评价、竣工验收、竣工图及利用频繁的纸质档案进行数字化管理。

（10）移交生产后 90 天内或满足合同约定归档完毕。

四、输变电工程重点检查的项目文件

（一）建筑工程（变电站建筑物）

（1）创优实施细则。

（2）绿色施工、节能减排的管理措施和技术措施。

（3）本专业质量技术标准清单及动态管理记录。

（4）未使用国家技术公告中明令禁止的技术和材料。

（5）重要原材料（含半成品）质量证明、试验（型式）报告，进场检验报告，使用跟踪管理台账等文件。主要检测试验报告齐全，至少包括：钢筋、水泥出厂

检验报告、复试报告；砂石、水、外加剂等检验报告；混凝土配合比报告、混凝土试块强度报告；钢筋机械连接工艺检验报告、强度试验报告，化学锚栓拉拔试验、植筋拉拔试验报告等。

（6）建筑工程地基和基础、主体结构中间质量检查验收文件。

（7）地基承载力、单桩承载力和桩身完整性检测符合设计要求。

（8）移交前后沉降观测报告和记录。

（9）确定重要梁板结构检测部位的技术文件；混凝土结构实体强度报告（同条件养护试块）；钢筋保护层厚度测试报告。

（10）主控制室等长期有人值班场所室内环境检测。

（11）生活饮用水管道冲洗、消毒合格、水质检验合格。

（二）综合管理

（1）创优目标明确，创优策划体现全过程质量控制，参建单位制定具有操作性的实施细则并已实施。

（2）监理、设计、施工、调试单位的质量管理体系、职业健康安全管理体系、环境管理体系认证证书在有效期内。

（3）施工图会检记录齐全；设计更改管理制度完善；施工图设计符合初步设计审查批复要求；重大设计变更按程序批准；改变原设计所确定的原则、方案或规模，应经原审批部门批准。

（4）科技创新、技术进步形成的优化设计方案应经论证，并按规定程序审批。

（5）首次使用的新材料、新设备的使用应有鉴定报告或允许使用证明文件。

（6）设计单位提交工程质量检查报告、工程总结。

（7）监理单位提交工程总体质量评估报告。

（8）工程质量评价报告。

（9）各阶段质量监督报告及不符合项闭环文件。

第四节 国家优质工程奖

国家优质工程奖是经中共中央、国务院确认设立的工程建设领域跨行业、跨专业的国家级质量奖。最高奖为国家优质工程金奖。

申报材料涉及的档案资料包括：

（1）主申报单位（非建设单位申报时）资质证书。

（2）工程可评（研）报告或项目建议书（如获奖请附证书）。

（3）工程立项文件。

（4）工程报建批复文件（建设工程规划许可证、建设用地规划许可证、土地使用证、施工许可证、环评报告批复文件等）。

（5）工程质量监督（咨询/监理）单位的工程质量评定文件。

（6）工程专项竣工验收文件（规划、节能、环保、水土保持、消防、安全、职业卫生、档案等）。

（7）工程竣工验收及备案文件。

（8）工程竣工决算书或审计报告。

（9）无安全质量事故、无拖欠农民工工资证明文件。

（10）省（部）级优质工程奖证书。

（11）省（部）级优秀设计奖证书。

（12）科技进步证明（科技进步奖、新技术应用示范工程、专利、行业新技术应用明细情况等）。

（13）主申报单位（非建设单位申报时）与建设单位签订的承包合同。

（14）其他说明工程质量的材料（省部级 QC 活动成果、绿色示范工程证明等）。

第五节　中国建设工程鲁班奖（国家优质工程）

鲁班奖是我国建设工程质量的最高奖，获奖工程质量应达到国内领先水平。内业资料的检查依据 GB/T 50328《建设工程文件归档规范》及相关行业现行规范及标准，主要有申报项目的相关文件和施工技术管理资料。

一、申报项目的相关文件

（1）工程立项审批文件。

（2）国有土地使用证。

（3）建设用地、建设工程规划许可证。

（4）工程招标及承包和专业分包合同文件。

（5）施工许可证。

（6）建设工程竣工验收资料（包括规划、公安消防、环保等部门出具的认可文件或准许使用证及工程竣工备案表）。

（7）工程获省优、部优文件证书等。

二、施工技术管理资料

（1）工程地质报告。

（2）复合地基及桩基检测报告。

（3）施工组织设计及施工方案。

（4）地基基础与主体结构相关的资料。

（5）隐蔽工程验收记录。

（6）屋面淋水，地面蓄水试验记录及地下室防水效果检查记录。

（7）沉降观测记录。

（8）新材料新工艺施工记录。

（9）建筑节能分部验收记录，节能工程中所用原材料性能检测报告，建筑节能现场实体检测报告。

（10）室内环境及花岗岩放射性检测报告。

（11）玻璃幕墙相关资料等。

（12）建筑电气安装工程性能检测记录。

1）接地装置、防雷装置的接地电阻测试记录。

2）电气绝缘测试记录。

3）照明全负荷试验记录。

4）大型灯具固定及吊装过载试验记录。

5）高压电气试验记录。

（13）电梯性能检测记录：

1）电梯、自动扶梯（人行道）电气装置、绝缘电阻测试记录。

2）层门与轿门试验记录。

3）曳引式电梯空载、额定载荷记录。

4）液压式电梯超载和额定载荷记录。

5）自动扶梯（人行道）制停距记录。

（14）智能建筑性能测试记录：

1）系统检测记录。

2）系统集成检测记录。

3）接地电阻测试记录。

（15）建筑给排水及采暖工程性能检测记录：

1）生活给水管道交用前水质检测记录。

2）承压管道、设备系统水压试验记录。

3）非承压管道和设备灌水试验、排水管干管管道通球、通水试验记录。

4）消火栓系统试射试验记录。

5）采暖系统测试、试运行、安全阀、报警装置联动系统测试记录。

6）设备单机和系统试运转调试记录等。

（16）通风与空调工程性能检测记录：

1）空调水管道系统水压试验记录。

2）通风管道严密性试验记录。

3）通风、除尘系统联合试运与调试记录。

4）空调系统联合试运转与调试记录。

5）制冷系统联合试运转与调试记录。

6）净化空调系统联合试运转与调试记录。

7）防排烟系统联合试运转与调试记录。

（17）锅炉、燃气、自备发电机系统联合试运转与调试、试验记录。

（18）施工试验及见证检验报告。

（19）分项、分部及单位工程质量验收记录等。

三、创鲁班奖工程地基基础、主体结构工程施工资料检查项（初评）

创鲁班奖工程地基基础、主体结构工程施工资料检查项（初评）包括：

（1）施工管理文件资料。

（2）施工现场准备技术资料。

（3）地基基础验收记录。

（4）地基处理记录、设计变更记录。

（5）桩基检测记录。

（6）施工物资材料、构配件质量证明，复试报告。

（7）施工记录、试验记录、隐蔽工程验收。

（8）施工验收、质量评定资料，结构验收记录。

（9）施工资料整理及时性、审签手续完备性。

（10）施工资料内容齐全，真实准确性。

四、创鲁班奖复查项

创鲁班奖复查项（工程审批、报建及相关验收档案资料）见表 15－1。

表 15－1　创鲁班奖复查项（工程审批、报建及相关验收档案资料）

☆1	计划	立项批复
☆2	规划	建设工程规划许可证
☆3		建设工程竣工规划验收
☆4	土地	固有土地使用证
☆5	建设	建设工程项目施工许可证
☆6	消防	设计文件审批意见
☆7		工程消防验收意见书
☆8	环保	项目环保评价意见
		项目竣工环保验收意见
☆9	人防（设计有）	批复文件
10		建设工程人防验收意见
11	供电	验收意见
☆12	电信	验收意见
13	燃气（煤气）	批复及验收
14	供水	
15	绿化	批文
16		审核意见
17	质量技术监督	电梯安全检验
		锅炉使用证
18	城建档案	建设工程档案验收意见
19	卫生	建设项目预防性防疫卫生审核意见
		卫生疾控部门验收意见
20	智能建设工程系统验收	
☆21	工程竣工验收	质量监督报告
		工程竣工验收备案表
22	工程总包和专业分包合同文件	
23	工程竣工决算验收	

注　“☆”者应见到原件。